这才是心理学

趣味心理学

舒小曼◎编著

中国轻工业出版社

图书在版编目（CIP）数据

这才是心理学．趣味心理学 / 舒小曼编著．—
北京：中国轻工业出版社，2019.8
ISBN 978-7-5184-2334-7

Ⅰ．①这… Ⅱ．①舒… Ⅲ．①心理学–通俗读物
Ⅳ．① B84-49

中国版本图书馆 CIP 数据核字 (2019) 第 048799 号

责任编辑：由　蕾
策划编辑：由　蕾　　责任终审：劳国强　　封面设计：王玉美
版式设计：张龙梅　　责任校对：吴大鹏　　责任监印：张京华

出版发行：中国轻工业出版社（北京东长安街 6 号，邮编：100740）
印　　刷：北京画中画印刷有限公司
经　　销：各地新华书店
版　　次：2019 年 8 月第 1 版第 1 次印刷
开　　本：880 × 1230　1/32　印张：14
字　　数：220 千字
书　　号：ISBN 978-7-5184-2334-7　定价：69.00 元（全 2 册）
邮购电话：010-65241695
发行电话：010-85119835　传真：85113293
网　　址：http://www.chlip.com.cn
Email：club@chlip.com.cn
如发现图书残缺请直接与我社邮购联系调换
181395G1X101ZBW

前言

为什么我们会沉醉于虚构的故事？

为什么越小心翼翼越容易出错？

为什么一次次陷入拖延怪圈无法自拔？

为什么我们热衷于给人“贴标签”？

为什么我们会嫉妒别人，甚至希望别人遭遇失败？

为什么女孩子倒追男生不一定很容易？

该如何摆脱社交恐惧症的困扰？

相片比本人丑？真有不上相这种事吗？

……

我们在生活中会见到一些怪诞行为，会受到不良情绪的困扰，会遭遇爱情纠葛等，这些不断给我们带来困扰的问题，其背后都暗藏着一个个“心理机关”。如果能够熟知这些“心理机关”，了解它们的运作原理，可以让我们更加从容地应对生活中的各种麻烦，调节自己的情绪，从而享受一种充满乐趣的生活。那么，该如何通俗简单地了解那些听起来复杂的心理问题，打开“心理机关”呢？这便是本书的精髓所在。

心理学历史悠久，可追溯到古希腊柏拉图、亚里士多德时代，当时人们已经开始探讨灵魂的实质以及灵魂与身体的关系。在此后很长的一段时间里，心理学都归属于哲学的范畴。直到 19 世纪后期，它才从哲学中脱离出来，成为独立的学科。从此，人们打开了一扇重新认识自己和他人的窗户。

而心理学最重要的作用在于帮助我们看清别人，认识自我。让我们更加清楚自己的思维方式，学会选择，知道哪些是对自己真正有价值的，从而最终实现快乐人生。

当然，我们无需成为心理学家，但我们需要了解心理学，并要学会在现实中运用心理学。基于此，本书从生活中一些常见但又难以理解的行为、拖延怪圈对生活的影响、社交中经常被忽略的一些心理现象，以及恋爱、婚姻中的常见困惑等角度展开，将一个个经典的心理学理论和广受大众关注的心理话题，用精彩有趣的案例和浅显易懂、生动形象的语言表现出来。

本书不仅话题有趣，切合实际，更可贵的是，作者除了专业素质过硬，还有着妙笔生花的本领，让这些原本或枯燥死板，或神秘诡异的心理学知识跃然纸上，成为一种与普通人没有距离感的“大众科学”，让从“心”了解自己，认识他人不再是一纸空谈。

目录

CONTENTS

Chapter 1—— 那些你不解的行为心理学家都有答案

Chapter 2 —— 等一下再做与三倍速高效人生

Chapter 3 —— 总被忽略却“细思极恐”的社交心理学

目录

CONTENTS

Chapter 1

×

那些你不解的行为
心理学家都有答案

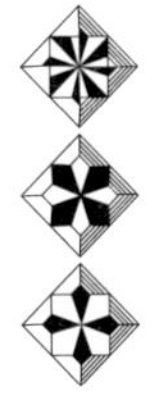

为什么我们会沉醉于虚构的故事?

2013 年，韩剧《来自星星的你》一开播，就获得了超高的收视率，牢牢吸引了大家的关注，可谓是红遍全世界，特别是广大少男少女，纷纷成为这部剧的忠实粉丝。那段时间，这部剧成了大家茶余饭后的谈资，经常会听到身边的女生说，太羡慕女主角有这么一个魅力十足的都教授了，不仅又高又帅，而且有超能力，能保护女友的同时还浪漫体贴。

其实，只要是具备理性思考能力的成年人，都知道这个故事肯定是虚构的，没有“来自星星”的能力，更不可能拥有一个有超能力的男友。那为什么，人们还是愿意沉醉于一个虚构的故事中呢?

心理学家曾让人们做过一个小实验。实验者被要求在纸上先画出一个大圆圈，接着在大圆圈里面的上方再画两个小圆圈，最后在两个小圆圈下方的中间再画一条横线。接着，心理学家问他们，觉得自己画出的这幅小画像什么呢? 实验结果是：几乎所有人都回答，这像一张人脸。

这时，心理学家让他们拿出镜子照照自己的脸，再对比一下画出来的图。大家发现，真正的人脸并不是由两个圆圈和一条直线所构成。其实，只要当下理性思考，不需要照镜子，我们也知道，那样一副简单的小画像根本不是人脸。可是，为什么我们会情不自禁地觉得它是一张人脸呢？而且，如果横线画成两边朝上的弧线，这就变成了一张笑脸，如果是向下的弧线，则成了一张哭丧的脸。

这到底是为什么呢？这是因为，我们几乎随时都在自己周遭寻找与自己相同的特征，这是在不知不觉中进行着的。可能你还有这样的感觉，你很少看见周围的人穿紫色的衣服，但是当有一天你换上了一件紫色上衣，你就会发现，穿紫色衣服的人突然增多了。

其实，这就是"社会脑"自动收集来的相同特征。"社会脑"是指大脑中调控人们社会行为的那部分区域，它由大脑中的镜像神经元所构成。顾名思义，镜像神经元可以从周遭环境和附近的人中寻找与自身相类似的特征，也可以将自己的特征投射到别人身上，甚至还可以感受别人的情感与体验。

说到这里，我们可以开始揭开谜底了：为什么人们会沉醉于一个虚构的故事中呢？原因就是，代入感在作祟。我们在看小说或是看电视、电影的时候，社会脑不断地在寻找与我们自身相同的特征，也让我们感受到了故事中人物的体验和情绪，这就是所谓“身临其境”的感觉。韩剧中女主角感受到了都教授强大的“男友力”，电视机前的女同胞因为代入感，同样也感受到了。当然了，要想代入感更强烈一些，离不开故事的精彩和演员们的精湛演技。

此外，这样的代入感在心理学上，是“同理心”的一种表现。提到同理心，人们普遍会觉得，同理心就是换位思考。然而，在心理学领域，它远不止换位思考这么单一。“同理心”有四个表现：第一个是理解并同意对方的观点，这是日常生活中普遍发生的，例如某人说“香槟玫瑰真漂亮啊”，而你刚好也持一样的观点；第二个是同情和关心有悲惨遭遇的人，类似于换位思考，例如你走在街上看到流浪汉会伸出援手；第三个是痛苦感的心理感受，例如听别人描述他的痛苦，当你听到那些细节的时候，似乎也会体验到痛感；第四个就是我们上文说的代入感，沉醉于一些虚拟的故事，幻想自己也成为故事里的人，感受到了他们的体验和情感。

现在，谜底揭开啦。你明白为什么人们在看小说故事或者戏剧影片时，总容易沉醉于里头的情节了吗？总的来说，就是那些精彩的故事具有代入感，人们大脑中的镜像神经元在寻找故事中与我们自己相同的特征，也让我们感受到了对方的感受。而这种代入感，正是同理心的表现之一。

为什么刷微博会上瘾?

随着智能手机的不断发展，我们身边的很多人都成了“低头族”，等车的时候看手机，吃饭的时候看手机，甚至连去洗手间，也争分夺秒地捧着手机在看。大家都在用手机干什么呢？用来聊天、看新闻、听音乐，等等，当然还有最常见的，就是刷微博了。

前段时间，在网络上看到一个故事：一位母亲向众多网友求助，她说女儿得了“微博上瘾症”，不知如何是好。女儿从早晨起床就开始刷微博发微博，一天里只要有闲暇的时间，都泡在微博上，就连上次生病了上医院打吊针，女儿依然忍着病痛在“坚持”刷微博。

曾有一个网站向广大网民做了一项调查，接受调查的一共 300 人，其结果显示：有 78 人每天打开电脑的第一件事就是刷微博；有 45 人喜欢用手机来刷微博，因为可以更好地利用时间；有 18 人每天发微博数量超过 10 条；有 84 人每天至少打开微博超过 3 次；只有 12 人不知道微博。可见，微博的受欢迎程度算是非常高了。那么，它到底有什么魔力呢?

一方面，微博有助于释放个性，缓解日常生活中的压力。微博之所以这么受欢迎，其中一个原因就是人们可以在网络世界使用匿名的身份，去展示那个与日常生活中不一样的自己。

其实，我们大多都是“双面人”。这里的“双面人”不是贬义，只是因为在现实生活中我们可能碍于自己身份的需要，所表现出的一些刻板的行为特征。例如，领导大多都会表现出一副严肃认真的模样，因为他的身份地位让他觉得自己必须在下属面前树立威严。但是，在微博这种网络社区里，我们每个人都可以暂时走出自己的生活，自由自在地去表达自己的观点和想法，展示出自己不一样的一面，这就有助于释放个性，缓解心理压力。

另一方面，刷微博有助于弥补现实生活中缺失的成就感、归属感。在 2013 年，美国康奈尔大学有一项研究表明：当人们在现实生活中遇到了困难和挫折，会更倾向于在社交应用上发布状态消息，以获得更多的关注和安慰。

而微博就给大家提供了一个分享生活，抒发情感的平台。

很多微博上的名人在现实生活中也许并不为人所知，但是在微博这个虚拟世界里，他也许就凭借一些漂亮的图片或者精彩的言论，获得了大量的粉丝和关注，这就很好地满足了现实生活中所缺失的成就感。而有一些人，会在微博上抒发自己的情感，特别是负面情绪，如果这时候可以得到众多网友的关心和安慰，就很好地弥补了现实生活中缺失的归属感，让他在那一刻感受到了温暖。尽管微博上的关注大多是短暂的，甚至是来自陌生人的，但对于很多人来说，却是有效的心理慰藉。

还有，微博具有明星效应，它拉近了明星与粉丝的距离。许多明星为了增强与粉丝的互动，提高自己的人气，纷纷都开了微博，并且热衷于在微博上更新自己的生活状态。这对于粉丝而言，平日里高高在上的偶像，一下子活灵活现地出现在了自己眼前，他们不仅可以在微博上获知偶像的生活状态和工作动态，还可以和偶像进行实时交流，这样方便快捷的沟通媒介自然广受欢迎了。

然而，心理学家指出，“微博上瘾症”，也就是过度使用微博可能会导致焦虑症、强迫症和人际关系紧张。就如某网站的调查结果显示，那些每天发微博 10 条以上，每天刷微博次数超过 3 次，经常下意识地打开微博的人，很可能已经患上了轻度的强迫症。而因为每天争分夺秒地刷微博，一天到晚保持亢奋的状态，会导致注意力不集中，睡眠质量下降，更严重的甚至会导致焦虑症。还有，因为沉迷于微博的虚拟世界，减少了现实生活中与他人的接触和沟通，容易导致个体功能的缺失，导致个人与现实社会的分离，从而使得人际关系变得紧张。

为什么有些人不喜欢照相?

有些人喜欢拍照，特别是用手机上各种带有修图功能的软件来自拍，这很好理解，因为每个人多多少少都会有点“自恋”。但是，有些人却非常排斥照相，当他们突然发现有人用手机或相机给他们拍照时，会赶紧伸出手来挡住脸：“不要拍我，不要拍我。”这又是为什么呢?

首先，这是受“曝光效应”的影响。所谓“曝光效应”（the mere exposure effect），又称“多看效应”，是一种心理现象，指人们会更偏爱于自己常常看见的、更为熟悉的事物。

20世纪60年代，心理学家扎荣茨曾经做过一个有趣的实验：他组织了一群受试者，给他们看某校的毕业纪念册，并且在看之前，确认他们不认识且从未见过毕业纪念册里面的人；看完毕业纪念册以后，再让受试者看一些照片，这些照片中有些人出现了十几次，有些人出现了二十几次，而有些人仅出现了一两次。之后，扎荣茨再让受试者评价他们对照片里的人的喜爱程度。实验结果发现，那些在照片中出现次数最多的人，最受受试者们的欢迎。而这种结果就是受“曝光效应”的影响。

这听上去似乎和今天的题目有些不符？既然受“曝光效应”的影响，不应当是更喜欢拍照才对吗？其实不然。不喜欢拍照的人，通常是觉得自己不上镜，也就是说照片比真人要丑，确切地说，是认为照片中的自己比在镜子里看到的自己要丑。一般而言，人们照镜子的次数会比拍照的次数要更多，自然就会更喜欢镜子里头的自己，而排斥拍照了。

其次，是受“冻脸效应”的影响。所谓“冻脸效应”（the frozen face effect），是由加州大学心理学家罗伯特·博斯特提出的，指的是对于同一个人来说，视频中的他会比同一视频的截图的他更好看。简单点来理解，就是同一个人，动态的会比静态的要更好看。

罗伯特对此进行了一个实验：他准备了 20 段 2 秒钟的视频，以及从这些视频中截下的 1200 帧静态图，然后让受试者对视频以及静态图的人分别打分，结果发现同一个人在视频中的得分要比静态图中的高。罗伯特认为，这并非因为动态视频包含更多信息，人的记忆也不是影响因素，有一种可能是随着人类不断地进化发展，大脑已经更习惯于识别动态面孔，而非静态面孔。那么，既然照片中自己的静态面孔更丑，当然就会排斥拍照了。

再次，是“自我提升”惹的祸。所谓“自我提升”（self-enhancement），指的是人们在对自我进行知觉时，除了一小部分人能够客观无偏见地认识自己以外，大部分人总是高估了自己，其中包括高估自己行为的影响力，例如人们会高估自己做好事带来的影响力，会认为自己开车的技术比他人好，会认为自己的工作表现优于身边的人，以及对自己长相的夸大性认知等。

芝加哥大学的尼克劳斯·艾普利等做过一个实验，实验过程中，他们拍摄了所有受试者的照片，然后通过图片处理软件对照片进行处理，或是提高或是降低照片的吸引力，最终得到三类照片——未处理的、高吸引力的、低吸引力的照片。随后，让受试者观看这些照片，包括未处理的和处理后的，而受试者的任务，就是识别出未经处理的照片。实验结果很有趣，受试者们在识别自己照片时，会认为那个处理过的高吸引力的照片，是未处理的照片。这就很好地证明了，人们对于自己的长相确实存在高估的情况，那么既然认为照片中的自己与现实的自己差别太大，自然就不喜欢拍照了。

为什么一旦说出计划，就难以继续顺利执行？

小美最近很苦恼，她说自己总是管不住嘴，喜欢在任务完成前对人说出计划，而每次这样做，计划往往难以继续顺利执行，坚持不到几天就放弃了。上一次，她和朋友说，今年一定要取得中级会计师职称，不成功便成仁。她的目标和决心被朋友们夸赞和鼓励了一番，于是她信心满满开始复习，可是过不了几天，因为这事那事，计划就给耽搁了。再过一段时间，她索性把计划放弃了，任务自然也就夭折了。

听了这个故事，不知道你是不是有过类似的经历呢？许多人喜欢和大家分享自己的目标和计划，可发现事情一旦说出口，就好像很难继续执行，结果大多半途而废。这到底是为什么呢？

必须说明一点，“把计划说出来”并不会必然导致“难以顺利执行”，“把计划说出来”这事儿可以有两种结果，第一种是最后可以顺利完成，第二种是不能顺利完成，我们今天谈的怪圈指的是后者。

首先，从心理学角度讲，向他人说出了自己的计划，最直接的后果就是计划获得了他人的旁观，这种旁观又会带来两种可能，一个是“社会促进”（social facilitation），也就是因为受到了他人的关注和监督，当事人把压力化作动力，更好地促进了计划的实施和完成；另一个是“社会抑制”（social inhibition），也就是现在讨论的情况，从客观上来分析，可能是计划本身已经超出了执行者的能力范围，客观情况导致计划被搁置。而主观上来看，则是因为他人关注使自己压力过大，一旦在过程中遇到了挫折而又缺乏毅力的话，就很容易破罐子破摔。

其次，当你向他人说出你的计划和目标时，大家也就承认了你的目标。心理学家指出，这种情况称为“social reality”，也就是所谓的“社会现实”。人们的思维定式会让自己以为目标已经达成，而目标达成的满足感和成就感也因此被提前预支。也就是说，当你说出自己的宏伟计划时，很可能已经得到了周围人的认可和鼓励。于是，你的心理期待在那一刻已经被提前满足，完成计划的动力反而被削弱了，对接下来的计划难以执行下去也就不足为奇了。

再次，这个怪圈本身，就是一种消极的心理暗示。打个比方，很多自诩运动能力差的人，其实并非真的运动能力很差，而是他们自以为罢了。就像有些人觉得自己跑步绝对不能超过800米，不然就会头昏目眩，缺氧难受。然而，如果心里笃定了这件事儿，就不会有动力去尝试克服，最后可能就真的成了一个无法跑步的人。可如果不这么想，让自己试着去跑步，努力去练习，一次又一次地克服跑步带来的不适，最后说不定也可以轻松跑完几公里。所以，“向别人说出计划，计划就很难顺利执行”这句话，本身就是一种消极的心理暗示，我们需要做的，不是牢牢管住自己的嘴不向他人说出来，而是给自己更多的、正面的、积极的暗示，才有助于目标的达成。

最后，还可能是“焦点效应”在作怪。所谓“焦点效应”

（spotlight effect），指的是人们会高估自己在他人眼里的受关注度或重要程度。其实，这并不难理解，每个人或多或少都有这种错觉，总以为自己在众人之中是受关注的，一言一行都会被放大，而实际上，我们并没有那么受关注。回到这个话题上，那些喜欢把自己的任务和计划分享出去的人，心里会更在乎这件事最后的影响。因为他会觉得，这事儿已经得到大伙儿的关注了，如果不成功，那大家会怎么看我？会不会认为我很笨？于是，“自我阻碍”（self-handicapping）就随之发生了。所谓“自我阻碍”，指的是人们为了保护自己的自尊不受伤害，故意减少对某件事情的努力，提前为可能要面对的失败找好借口。也就是说，人们很有可能为了避免因为失败而造成的自尊受损，故意降低执行计划的努力程度，等到真正要面对失败的那一天，就可以堂而皇之地把“不够努力”当作借口了。

为什么快速浏览时，很容易发现自己感兴趣的部分？

你可能有过类似的经历：当你快速浏览一段内容时，很容易就会看到自己感兴趣的或熟悉的那部分内容。比如，如果一份名单里头有很多名字，你总是可以很快地找到自己的名字，但是找其他人的名字速度就没那么快了；要从一篇很长的文献中找到有关某个话题的内容，如果事先对这个话题有所了解，那么很容易快速找到，反之可能就要花很长时间阅读了。

那么，这种现象是什么原因导致的呢？

这个问题与“视觉搜索”有关。所谓“视觉搜索”（visual search），指的是人的眼睛具备在众多视觉刺激物中迅速找到目标的能力。“视觉搜索”是这样一个过程：当眼睛在众多视觉刺激物中浏览时，获取到的视觉信号进入大脑，会与大脑中已有的认知模板进行匹配。研究者发现，在这个匹配的过程中，主要有来自三个方面的驱动作用，分别是刺激驱动、模板驱动和价值驱动。

首先，刺激驱动指的是视觉刺激物本身的属性对视觉搜索的影响。通常来说，如果视觉目标与其他视觉刺激物本身的视觉属性越接近，那么大脑中匹配的难度就会越大，速度也会相对较慢，反之则会快速匹配。举个例子，如果你要从一堆英文字母“T”中找出一个英文字母“A”时，会迅速找到；而如果你要从一堆英文字母“T”中找到一个“L”时，就会相对比较慢了。

其次，模板驱动是指视觉目标的熟悉程度会影响视觉搜索的速度。也就是说，人的大脑中所储存的记忆信息库是非常庞大的，如果是较为近期的记忆内容，又或者是经常被调用的信息，那么这些信息就处于较容易被激活的状态，当人眼在视觉搜索时就会更容易发现。

最后，是价值驱动。所谓“价值驱动”，简单一点来理解，“感兴趣的内容”在所有视觉刺激物中就好比一个“奖赏”，眼睛为了获得这种奖赏于是会加快速度。相较于上面提到的“刺激驱动”和“模板驱动”而言，“价值驱动”似乎能更恰当地解释这个现象，毕竟“感兴趣的内容”不一定与其他视觉刺激物存在明显的不一致，也不一定是熟悉或经常调用的信息。

对此，心理学家们曾经进行过一个实验，这个实验分别在两天进行:

第一天，让受试者们在六个不同颜色的圆圈中找出红色或绿色的圆圈，而这两种颜色不会同时出现，找到圆圈后，受试者们需要说出圆圈里面的线是垂直的还是水平的，然后对应不同的报告有不同的奖赏。例如，受试者报告红色圆圈中的线段情况会得到 80% 的奖赏概率，而报告绿色圆圈中的线段情况则只有 20% 的奖赏概率。第二天，继续进行这个实验，研究者发现，受试者们会集中报告红色圆圈中的线段情况，而忽略了另外一种，为的是获得更高的奖赏概率。这个实验就很好地说明了，当存在“价值驱动”时，人眼会为了获得奖赏而有意识地去寻找视觉目标，因此速度会加快。

除此以外，与这种视觉现象类似的，在听觉上有“鸡尾酒会效应”一说。所谓“鸡尾酒会效应”（cocktail party effect）指的是人的听觉注意力会集中在某个人的说话内容上，而忽略了背景的噪音或其他人的对话。举个例子，当你处于一个嘈杂的环境中时，有各种各样的声音，但如果此时有你熟悉的人的声音出现，你可以很快就分辨出来，又或者是在嘈杂中听到有人呼唤你自己的名字，你也可以迅速听到，而忽略掉其他与你无关的信息。

“快速浏览”过程中无法把注意力分配到所有内容上，但是会优先注意到能够获得“奖赏”的内容。总的来说，“感兴趣的内容”相当于一种奖赏，所以可以获得视觉中更高的关注度。

为什么长时间盯着认识的字看，反而越发感觉不认识？

日常生活中有一种怪现象：当我们长时间盯着某个字看时，会越看越觉得好像哪里不对劲，越看越觉得不认识。这究竟是怎么一回事呢？是我们的眼睛出问题了吗？

这种现象，在 1994 年时被台湾的郑昭明教授称作“字形解体”或“字形饱和”（orthographic satiation）。他通过实验来验证了自己的假说。试验中，郑昭明教授在屏幕上给受试者展示各种不同字形结构的汉字，并要求受试者一直盯着一个又一个相继出现的汉字看，然后，当受试者感觉到他们看到的汉字出现了解体时，快速按下一个按键，用以记录字形解体的时间。实验证实了字形解体现象的存在，且发现上下结构与左右结构的汉字在字形解体中所需时间比全包围结构汉字要更短。1996 年，日本学者对这一现象也进行了研究，研究对象为日文中的汉字，并把它命名为“完形崩溃”。

然而，这些都不是最早的研究。早在 1962 年，加拿大麦吉尔大学的研究者里昂·雅克布维茨就将这一现象命名为“语义饱和”（semantic satiation）。研究者认为：人类大脑的神经系统有一个特征，就是当短时间发生多次重复刺激时，就会引起神经活动的抑制。简单点来说，就是大脑当中的同一部位一直不停地工作，那么那个部位就会因为疲倦而出现短暂的“罢工”。

当我们的眼睛一直盯着某个字看的时候，也就是一直接受某个字的不断刺激时，这个刺激会反复被传送到大脑的一个固定部位，该部位就会在短时间内一直受同一个刺激，此时神经活动会受到抑制，造成联想阻断的现象。也就是说，这个时候，因为大脑神经不如一开始那么活跃，对于字形的分辨也无法从整体上获得全面认识，所以有些时候我们会感觉只认识这个字的某个部位，却不认识其他部分。

那么，是不是只有盯着汉字看才会出现这种情况呢?

其实不是的，“语义饱和”现象普遍存在于我们生活中的各个方面，除了视觉以外，其他诸如听觉、嗅觉、味觉等也有可能发生这种现象。比如，你刚去海鲜市场的时候，觉得鱼腥味很刺鼻，可是时间长了，便也适应了；你刚走进医院时，觉得消毒药水的味道很难闻，可是多待一会儿，似乎也闻不着味道了；甚至，你盯着一个认识的人看，看久了，似乎也变得有些陌生了。

另外，也不仅仅局限于汉字，在英文世界中同样会出现这种情况。那该如何避免“语义饱和”现象呢？其实，说到底，出现这种现象是由于我们大脑短时间内反复接收到同一刺激而产生短暂的疲惫，既然是疲惫，那就转移注意力，让大脑接受其他信息的刺激好了——当你盯着一个字看，越看越不认识的时候，不妨换一换环境，让眼睛看点别的新鲜的东西，过一会儿，你再回头看刚刚那个字，是不是又认出它来了呢？

这个现象只有负面作用吗？当然不是了，大脑神经活跃程度会被持续刺激减弱，但那些本来不该过度活跃的，就会因此受到抑制。也就是说，“语义饱和”现象可以缓解因神经过于兴奋而引起的焦虑。有研究人员发现，“语义饱和”能缓解演讲焦虑和口吃。当口吃者不断刻意地去重复一些单词，会让大脑神经疲倦，可以减轻由此产生的焦虑症状。

为什么越小心翼翼越容易出错?

很多时候，我们会有一种感觉：当自己越害怕做错一件事情，越是小心翼翼对待，反而好像越容易出错。这是为什么呢?

看到网站上曾有人提问。提问者说，他是银行的新入职柜员，因为在入职前的培训中听说，柜台工作一不小心就容易出错，于是他从第一天上班开始就倍加小心。然而却发现，他越谨慎小心，就越容易做错，这让他感到压力很大，而在压力之下只好更加小心翼翼，但错误依然频发，这就让他百思不得其解了。

从心理学的角度看，这是“瓦伦达效应”（Karl Wallenda effect）的一种体现。美国著名杂技表演艺术家瓦伦达，曾经高质量地完成了多次高空走钢索的表演。然而，最后却在一次重大的表演中不幸失足身亡。事后，当瓦伦达的妻子在回忆这件惨痛的事情时，有所感慨地说：“他在上场前总是念叨着这次表演的重要性，我就知道，肯定要出事了。”后来，这种因为过度重视，而忐忑不安、患得患失的心态，被称为“瓦伦达心态”。

心理学研究表明，人的潜意识往往只能够接收到大脑意识中正面的信息。也就是说，当你向自己传达“我不要做某事”这样的信息时，潜意识接收到的却是“我要做某事”的信号。例如，主持人上台之前如果反复告诉自己“不要念错稿子”，那么潜意识接收到的信息，则是“要念错稿子”。这时候上台，往往开口没多久，就出现差错了。再举一个例子，失眠患者一定有过这样的经历，入睡前心里反复想的是“我今晚不能失眠”，可是越是这样想就越睡不着，因为潜意识接收到的信号是“我今晚能失眠”。

这项研究，也从一个侧面证实了上面提到的“瓦伦达效应”。当一个人在心里害怕一件事情出错时，往往心里想的是“我这次不能出错”，而潜意识接收到的却是“我能出错”这样的信号，结果就自然是出错了。

此外，还涉及另外一个心理学效应，那就是“墨菲定律”（Murphy's law）。“墨菲定律”的主要内容有这几个：一是很多事情都没有表面上看起来那么简单，二是会出错的事情总是会出错，三是如果你很担心某种情况发生，那么它就会更有可能发生。其实，说到“墨菲定律”，大家一定不会陌生了，因为生活中体现这一定律的事情非常多。比如车主去洗车的时候总会担心下雨，结果洗完车当天或第二天就真的下雨了；又如没完成作业的学生，很怕老师会检查作业，结果老师那天还真的就检查作业了。这就像人们平时经常说的，真的是怕什么来什么。

“墨菲定律”实际上是一种心理暗示。举个例子，老师在检查学生作业之前，如果学生已经完成了，那么他自然不会担心老师检查作业，也不会有什么心理负担。而如果他没完成作业，就会非常担心受到惩罚，而这种心理暗示会在他的行为举止甚至是面部表情上有所体现。这个时候，经验丰富的老师可能一眼就能识别出来了。

还有，“墨菲定律”在生活中频发，也与人们过去倒霉糟糕的经历息息相关。其实，“洗车就会下雨”这事儿纯属巧合，实际生活中一定是洗车不下雨的次数更多。但是，如果发生过一次刚洗了车就下雨的事件，人们的潜意识往往会对这件事留下深刻记忆，毕竟谁都不想发生这么倒霉的事儿。而一旦有了这样的印象，以后生活中再出现类似的情况时，潜意识当中会把过去的经历再次唤醒，这就造成了一种“怕什么来什么”的感觉。越是小心翼翼越容易出错，也是同样的道理，因为过去出错的经历可能让你承担过不太好的后果，所以心理上有负担，一旦再次出错，就会有越担心越容易出错的感觉。

看来，想要做事不出错，只一味小心翼翼还不够。想要避开“瓦伦达效应”和“墨菲定律”，就要求我们要用平常心去看待一件事，做好充分准备，专注于事情本身，才能更好地规避错误的发生。

为什么漂亮护士打针似乎没那么痛?

当你生病去医院，一位长得很漂亮的年轻护士给你打针，这时候好像打针不怎么痛了。这是为什么呢?

演员李小璐在《都是天使惹的祸》里饰演过一个呆萌、马虎的小护士。她虽然偶尔会粗心大意，但是好像并没有哪个病人在她面前会痛得嗷嗷大叫。究竟是什么原因让我们对漂亮的护士姐姐产生这种莫名的好感?

首先，这是受光环效应（halo effect）的影响。光环效应，又被称为晕轮效应，指的是人际知觉中形成的一种以偏概全的主观印象，

20 世纪 20 年代，美国知名心理学家爱德华·桑戴克提出了这一概念。

光环效应在我们的日常生活中很常见。哈佛大学心理学系的一个研究小组曾经做过一个这样的实验：他们让同一组被试者同时观看两张照片，一张照片上是一个漂亮迷人的女性，另一张照片上是一个姿色平庸的女性。看完照片以后，再告诉被试者她们都曾经犯罪入狱，询问被试者有何想法。大多数被试者认为，漂亮的女人肯定是因为某个不得已而为之的理由才入狱，而姿色平庸的女人则是因为不法行为入狱的。2018 年底，一则席卷国内各大媒体的新闻也体现出类似的效果。一桩并不鲜见的酒托诈骗案被警方披露后，引起了巨大反响，只因为被通缉的一位酒托是个相貌清秀的美女，一夜之间“最美通缉犯”成了网络热词。惋惜之词见于各路媒体，纷纷猜测这位美女是不是错信渣男，被人欺骗才误入歧途的。

仅仅因为长相的美与丑，人们就产生了如此截然不同的看法，在大多数人的心目中，美女都是乖巧、贤淑、温柔、举止端庄的，而丑女则是粗俗、蛮横、行为不检的……在这个看脸的世界，光环效应可以说随处可见。

病人面对漂亮护士时，容易被漂亮的光环深深吸引，而忽略了对她的其他方面作出评价，比如扎针的娴熟程度，故而想当然地认为漂亮护士打针也更加娴熟、温柔，不会给病人带来太大的痛楚。

其次，受到难以预测的暗示效应的影响。所谓暗示效应（effect of hint），指的是在无对抗的情境下，用一种比较抽象、委婉的间接方式影响人们的心理以及行为，进而诱导他们按照一定的方式采取行动或者接受某种观点，使其行为、思想符合暗示者的预期。

实际上，我们每个人都接触过暗示，有时候是暗示其他人，有时候是自我暗示，还有时候是接受来自他人的暗示。其实，心理学上的催眠就是暗示的一种，催眠师利用语言引导着被催眠者进入潜意识开放的状态之下，将某些被催眠者原本不接受的观点植入他的潜意识之中，从而改变他的行为习惯或者帮助他解决心理上的问题。

事实上，暗示效应的结果往往是难以预测的，它可能向着积极方向发展，也可能向着消极方面发展。比如说，病人如果暗示自己，年轻漂亮的护士打针的动作比较轻巧温柔，也许他感受到的痛楚会削弱。然而，暗示具有双重性。如果说，病人认为美女身边诱惑太多，不会把心思放在工作上，漂亮护士的技术肯定比不上那些相貌平平却勤奋刻苦的护士，那么这个病人也许一看见漂亮护士，就感到害怕，感受到的疼痛也多了几分。

另外，痛觉是因人而异的。人对于痛觉的反应有比较明显的个体差异，如果一个病人既是“外貌协会”的资深会员，又容易受到光环效应和暗示效应的影响，还不怎么怕痛，那么一个漂亮的护士确实足以让他忽略打针带来的大部分痛楚。然而，如果病人对美女没有特别的好感，而且不容易受光环效应的影响，还比较怕痛，那么，比起找一个漂亮护士打针，还不如找一个技术高超的护士。

为什么有时一觉醒来恍如隔世？

你是否也有过类似的梦境呢？在梦里，你回到了无忧无虑的童年，外公外婆还很健康，他们带着你荡秋千，滑滑梯，你们在一起笑得很开心……然后，你恍恍惚惚地要醒，正想回头叫一声外婆的时候，却被眼前的情景一下子拉回了现实世界——噢，原来早已不是童年，外婆已经去世多年。但为什么梦那么真实那么漫长，一觉醒来恍如隔世？

人为什么会做梦？梦是发生于睡眠过程中的快速眼动周期里。我们知道，整个睡眠过程是由两个周期交替进行的，分别是快速眼动周期和非快速眼动周期。在非快速眼动周期中，脑电波处于平缓不活跃的状态，而在快速眼动周期则相反，脑电波处于活跃状态，类似于人们清醒的时候，因此梦就发生在这个周期中。

根据激活—整合假说（activation-synthesis hypothesis），梦是人的大脑试图对一些不完整的信息进行整合处理的过程。而梦的原始素材都取自我们日常生活中的片段。因此，无论是让人感觉真实的梦境，还是让人觉得荒谬的梦境，其实都来自我们过去的生活经历。因为是记忆中的片段，当我们在梦里重温的时候会觉得无比真实而漫长，大脑已经习惯了梦里的认知和思维，在突然醒来的瞬间，大脑无法一下子从梦里抽离开来，因此会有那么一刹那产生恍如隔世的感觉。

或许，这会让人联想到催眠，因为在催眠过程中，人们也是暂时离开现实世界，进入了一个催眠师引导的世界里。要想了解催眠，必须先了解意识与潜意识的关系和区别。简单一点来说，人类的潜意识决定了哪些内容会进入到意识中去，而催眠的目的就是让人进入大脑的潜意识中。催眠是一个专业且复杂的过程，这里限于篇幅，不便多讲，此处想谈的是催眠临近结束时候的体验。试想一下，你是否曾经在某个时间陷入过发呆的状态，或许在公交车上看着窗外出神，或许在课堂中看着某处发呆，而当公交车报站或者下课铃响的时候，你会吓一跳，好像一下子清醒了过来，然后压根儿就忘了刚才在想什么。其实，这就是一种催眠，不过不是催眠师在帮助你，是你自己在自我催眠。而被公交车报站声音或者下课铃惊醒的那一刹那，是不是很像我们在梦里突然醒来时恍如隔世一般呢?

催眠状态类似于我们的做梦状态，当催眠师在催眠过程中加入了“记得”的暗示时，被催眠者在结束后就会记得催眠过程的内容，如果没有加入这种暗示，催眠者就会完全不记得。这就好像我们做梦醒来，有时会记得梦境，有时不会一样。而醒来的瞬间，就是潜意识与意识交替的过程，这个过程可能需要一点时间，因此就会产生我们今天所说的恍如隔世的体验。

相信很多人都曾有过类似的体验，梦里的情景虚幻又美好，让人留恋而沉醉。只是，每个人的梦境不同，有些人是回到了童年，有些人是回到了大学时期，有些人则可能回到了某个记忆中的甜美瞬间。但相同的一点在于，这些都是人们脑海里深刻的记忆，心理学家们称之为“关键记忆”。

那么，大脑会在什么时候突然出现这些“关键记忆”呢？通常是在压力很大的一段时间。因为，人类大脑有“现实逃避”或“压力转移”的机制。也就是说，当你处在一个“压力山大”的时间段，就很有可能会在梦里回到那些无忧无虑的时光。比如，上班族每天都生活在无穷无尽的业绩压力中，他可能就会在梦里回到童年，因为潜意识希望从压力中解放出来，让大脑暂且逃离困难并获得休息。

现在你明白为什么有时候会一觉醒来恍如隔世了吧？回忆总是美好的，现实却往往残酷，感谢梦境把我们带回到美好的回忆中，哪怕只是虚幻的，可以在那儿无忧无虑地待一会儿，依然感觉很美。但是，现实是无法逃避的，沉溺往事并不能帮我们渡过眼前的难关，不如调整心态，勇敢面对，快乐而充实地过好每一天吧。

为什么常常话到嘴边，却忽然忘了要说什么？

很多人都有过这样的体验：明明心里想着一句话要与他人说，只是转了个身，突然就忘记了；或者说，话到了嘴边，突然有人打断你说了其他的事情，事情过后你再也想不起来自己刚才想说什么；甚至是，考试的时候看到明明平时很熟悉的题目，可是那一刻在考场却怎么也想不起答案，结果一走出考场立马就想起来了。这种情况似乎经常发生，到底是为什么呢?

在心理学上，这种“话到嘴边却忽然忘了怎么说”的现象，叫作“舌尖现象”（tip of the tongue），是因为大脑对记忆内容的暂时性抑制而导致的。这种抑制来源于许多方面，例如在回想那一刻的情绪因素或情境因素的干扰、对某些事物部分特征的回想覆盖了所需要想起事物的整体特征。而当转换了情境、有他人的提示，或是压力和紧张等情绪因素被消除时，这种抑制往往就会消失。舌尖现象在生活中比较常见，有研究数据显示，年轻人平均每周会出现 0.98 次，老年人则出现 1.65 次。

认知心理学研究发现，人类的记忆活动包括编码、储存、检索和解码四个步骤。大脑在记忆的时候好比计算机，先把需要记忆的内容进行一系列的编码，分别是形码、声码和意码，然后再把编好的码储存在大脑的不同部位。而当我们需要回想起之前的记忆内容时，大脑就会将储存在不同部位的三种码检索出来，进行解码，恢复记忆的原有面貌。在这整个过程中，任何环节出现了状况，记忆就会受影响，例如少了声码，解码的时候就回不到原来的面貌，那么就会出现舌尖现象了。

你也许还有这样的感觉：在熟悉的环境中，记忆力似乎会比较好，做起事情来也比较得心应手，比如钢琴考级的时候如果刚好用到自己弹过的琴，那么那一天的考试就会发挥得比较好，这又是为什么呢？这是因为，在人类记忆编码的过程中，情景因素也会被编码和储存进大脑中。因此，在相同的情景下，大脑进行检索就会比较顺利，反之在陌生的环境下，检索就会比较困难，容易产生舌尖现象。

很多人在回想不起某些东西时，总会自嘲记忆力不好。那么，有没有一种可能，就是所记忆的内容在大脑储存这一环节中就丢失了呢？有两位研究者曾于 1982 年对“舌尖现象”进行了一个实验。在实验中，他们给受试者看一些演员的照片，或者对演员进行一些口头描述，例如在描述一名百老汇演员的时候是这么说的："他曾饰演过《查理的姑妈》一剧中的查理一角，然而大家对他印象更深的是某部影片中的某个瘦小的角色。"当受试者表示，他认得照片中的人或知道所描述的对象是谁，但是一时半会儿想不起来名字时，实验者就会在下一次继续询问他，直到受试者能够想起人名为止。

整个实验长达三个星期，研究者对受试者进行了 11 次深入测试，并获得了 500 个"舌尖现象"的例子。研究结果发现，当"舌尖现象"发生——受试者差一点就能说出人名的时候，平均在 1.9 天后就会想起这个人名来；而对于尚未到"舌尖现象"的情况——还得再好好想想的状态，平均 2.7 天后才能想起来；如果是"不大可能想起来"的情况，则平均要 7.2 天才能想起来。

这个实验告诉我们：其实在大部分情况下，大脑都把记忆内容给牢牢储存好了，有些时候未能及时回想起来，可能是在检索或解码的时候出现了一些小状况，因而会有一些反应时间上的区别。大脑如同一个庞大的记忆库，要想从记忆库中提取想要的内容，就好比在一幢偌大的图书馆中找一本书，可能会有各种各样的原因导致提取失败。

为什么人们高兴时总是喜欢抱着转圈?

生活中有很多具有共性的现象，比如我们今天谈的这个：人们高兴的时候总是喜欢抱着转圈圈。例如，男生向心爱的女生求爱，女生答应了，男生高兴地把女孩抱起来转圈圈；在足球场上，足球运动员一脚把球踢进了球门，队友高兴地过来与他击掌，甚至抱起来转了一圈，等等。这些行为都有一个一样的前提，就是“高兴”，同时还有一个共同的特征，那就是“抱着转圈”这个动作。这种由衷而发的举动，到底是如何产生的呢?

首先，这是一种情绪的表达。情绪分为很多种：愉悦、悲伤、愤怒等，人们产生这些情绪时，会通过身体行为或面部表情表达出来，这是正确的有益于身心健康的举动。也许有人会说，有些人真厉害，喜怒不形于色。这种情况可能是他情绪管理比较恰当，也可能只是人们看到的那一刻他恰好没有“喜怒”这些情绪而已。所以，我们首先要明白的就是，通过行为和表情来表达情绪是人类的特性。

“抱着转圈”是高兴情绪的一种表达，假设高兴具有比较级，那么“抱着转圈”的高兴程度要比微笑、大笑这些表情的表达要更深一层。所以，我们不难发现，当人们通过“抱着转圈”这种行为来表达高兴的情绪时，通常是某些日常生活中较少发生的情况，例如我们上面提到的，求爱成功，或是比赛时关键的一球。

那么，为什么会有“抱着转圈”这种举动呢？有心理学方面的研究者提出，这可能源于人类最初“展示战利品”的心理。远古时代的人类，产生“高兴”这一情绪的原因集中在两点，一是生存，二是繁衍。也就是说，当他们获得食物或战利品，以及后代出生的时候，他们会产生一种特殊的情绪，也就是我们今天理解的最初的“高兴”。而当人们获得食物或战利品时，总有一种想要“展示”的心理，他们采取的行为举动是“将其举高”，这也许是因为举高了能让更多的人看见，获得更大的认可。

“将其举高”这种行为在当代仍然经常可以看见，比如比赛获奖者将奖杯高高举起，引来众多观众的欢呼声和掌声。然而，并不是所有“战利品”都可以举起来展示，比如重量过大的。因而慢慢地，就演变为“抱起来转圈”这个动作了。同样地，我们经常在电视上看到，一支球队赢了，所有队员合力把一个人抛起来，“抛起来”也是表达高兴情绪的一种方式。

此外，对于“抱起来转圈”这种行为，在心理学方面还有另外一种猜想，那就是，这一动作可能是“拥抱”的衍生行为。

“拥抱”是一种亲密行为，人们喜欢用它来表达爱和亲热，拥抱的双方大脑会分泌多巴胺和后叶催产素，而这些会让人心生愉悦的感觉。而“抱起来转圈”这一行为多发生于男女之间，它比“拥抱”多了转圈圈的动作，而转圈和坐过山车等机动游戏有着类似的效果，会让人产生晕眩感，能提高人的应激水平，于是就让本来“拥抱”这一行为所带来的愉悦感更深了一层。

别人哈欠连天，为什么我们也被传染？

不知道你是否有过这样的体验：看到别人打哈欠时，自己也跟着打了一个，有时只是看到打哈欠的图片，听到别人打哈欠的声音，甚至只是看到有关的字眼，也居然忍不住打了一个。似乎，打哈欠这回事儿，真的会传染呢。

为什么人会打哈欠呢？打哈欠就如心跳、呼吸一般，是人体的一种本能反应，它不受人的意志所控制。打哈欠，对于增加大脑细胞供氧，保护脑细胞，提高人体应激能力具有一定的作用。

美国马里兰大学的研究者海克与普林斯顿大学的研究者盖洛普表示，打哈欠会让上颌窦壁收缩和扩张，把空气往脑部输送，使脑部温度下降。而人体的脑部必须在温度低的条件下才能有效地工作。他们认为，下颌活动会使鼻窦壁收缩，这样鼻窦壁才可以通风。

从 2007 年起，盖洛普开始在动物和人身上验证自己的想法。他和他的团队在老鼠的大脑中植入了一种传感器，然后进行检测，观察老鼠在打哈欠之前、打哈欠时、打哈欠后的变化。检测发现，老鼠在预备打哈欠时大脑温度升高，打哈欠时温度开始降低，最终迅速地回到打哈欠前的温度。这可以看出，大脑温度升高致使打哈欠的发生，而打哈欠这一行为可以使大脑温度降低。

美国马里兰大学的生理学家普罗文和贝宁格对于打哈欠也做了很多

研究。他们在大量的研究中发现，学生在认真看书和做作业时容易打哈欠，司机在夜里开车的时候也容易打哈欠，但是人们躺在床上却很少打哈欠。因此，他们认为，打哈欠是人们为了保持清醒，让身体觉醒的一种反应。从这个层面上来看，打哈欠是人体的一种提神反应。

那么，为什么打哈欠会有传染性呢？神经生物学家发现，打哈欠会传染这件事目前只在人类、猩猩、狒狒和狗身上有体现，这可说明，只有大脑皮层发达的脊椎动物，才有能力彼此传染，这是属于大脑“高级意识和智力”的部位负责的行为。

在人类大脑皮层的特定区域，有一种特殊的神经细胞，名为“镜像神经元”。它的作用是，当个体看到或听到某个动作时，会触发其激活，让个体像照镜子一般，模仿刚才那个动作。

许多研究者认为，个体因为拥有移情能力才能够被打哈欠所传染。所谓移情能力，就是能够理解别人的感受并产生共鸣的一种能力。英国利兹大学的研究者对此做了一个试验，他们找来了心理系和工程系的学生来完成同一份调查问卷，该问卷是针对移情能力的。在开始填写调查问卷之前，带领者会带着每个学生在房间里随意待上 10 分钟左右，在此期间，带领者会故意哈欠连天。而这整个过程，都会被录像。最后，在录像中显示，越容易被哈欠传染的人，关于移情能力的调查问卷完成得越好。在心理系与工程系的这场“较量”中，心理系的学生明显较工程系的学生被哈欠传染的次数更多，调查问卷的得分也更高。

美国康涅狄格大学的研究者也做过一个统计，该统计发现：在120名6岁以下的儿童中，能够被传染打哈欠的绝大部分为4岁以上的儿童。另外，他们还对30名6~15岁的自闭症患者进行了研究，发现与同龄正常儿童或少年相比，自闭症患者对打哈欠这件事儿没有那么敏感，也就是说，被传染的次数不多。由此，可以推测，沟通能力不足的人，被打哈欠传染的机会也不高，因为他们的移情能力不高。

另外，还有一个相关的研究——科学家们发现，关系亲密的人之间，更容易被打哈欠传染。意大利比萨大学的研究者及意大利认知科学和技术研究所的专家们，在长达一年的时间里，收集了超过100名不同国籍的成年人，在意大利或马达加斯加打哈欠的情境。接着，他们对此开发了一个统计模型，用以分析人与人的关系、性别、国籍及打哈欠的情况。研究及统计结果表明，打哈欠传染在关系亲密的人之间容易发生，首先是亲人，其次是朋友，最后是熟人与陌生人。这也足以说明，打哈欠被传染是移情能力的一种体现，越是关系亲密，越能体会到对方困乏、疲劳的感受。

Chapter 2

×

等一下再做
与三倍速高效人生

拖延，你中招了么？

可能很多人都有这样的记忆：当我们还是一个学生时，每个寒暑假都会好好玩一番，一玩起来就把寒暑假作业忘到了脑后，一拖再拖，直到临开学才想起还有作业没写，只好拼命加班加点完成。

然而，这样的拖延并不只是学生时代的毛病，可以说，它几乎贯穿了我们生活的每个阶段。打个比方，很多人都会在每一年年初时写下这一年的目标和计划，然后下定决心一定要完成。可到了下半年或是年底，他们会发现，不少计划根本没有执行，这是为什么？这就是给“拖延症”耽误的。

拖延，英语一词是“procrastinate”，它有推迟，延后，延长的意思。很有意思的是，把这个英语单词拆开来看，它由“pro”和“crastimis”两个拉丁词所构成，“pro”的意思是延后，而“crastimis”则是“属于明天”的意思，两个词合起来就是“延后到明天”的意思，这个词语的构成与人们常常产生的“明天再做”的心理恰恰相符。

而在埃及，有两个词语可以翻译成“拖延”。其中一个词语指的是拖延是一种习惯，它可以减少或避免因为不必要的事情而浪费精力，是一种有用的习惯；而另一个词，则是指完成赖以生存的工作时所表现出来的一种惰性，是一种有害的习惯。

目前来说，拖延已经逐渐成为全世界范围内的一种“流行病”。在国际上，曾有拖延症研究专家的统计数据显示，大约有 70% 的大学生存在学业上的拖延问题，其中 50% 的学生称拖延已经成为他们的一种习惯，而成年人中也有高达 20% 的人每天都存在拖延行为。由此，专家推算，全球可能有近 10 亿人患有“拖延症”。可见，“拖延”这种行为几乎发生在我们每个人的身上。有人认为，这其实就是人性的弱点，再悲观一点地说，是贪图行乐应得的报应；但也有人认为，拖延只是一种习惯，它可以在生活中形成，也可以被我们摒弃。

那么，到底是什么导致“拖延症”的发生？原因是多方面的，但首先可以排除一个，就是智商方面的因素。如果你依旧存在“只有当人们智商超高时才能摆脱拖延症”的这种想法，那就大错特错了。因为有关研究表明，智商和拖延没有任何关系。还有一些因素也与拖延症无关，比如性别或年龄。有人以为，男性比女性普遍更容易拖延，因为在日常生活中拖延更多发生于男性身上。但很遗憾，这只不过是某些拖延严重的男性为自己找的借口罢了。还有人觉得，人年纪越大越不容易拖延，其实也只是错觉，也许是因为年纪大的人事务相对没有那么多，可以腾出更多的时间来完成必要工作，导致他们看起来似乎没有“拖延症”。另外，在拖延与职业的关系研究中，人们发现，不管从事任何行业或职业，几乎都有染上“拖延症”的可能。

有些时候，人们经常不知道如何分辨何为真正的拖延，它往往指的是拖延这件事让你痛苦不堪，烦恼不已。比如，有些人喜欢轻松无压力的生活，喜欢在某一件事上投入更多的时间，自主地选择把一些其他事情延后来做，那他自然不会觉得自己在拖延，更不会觉得“拖延”这事儿让自己烦恼。但是有些人则不一样，他们在反复提醒自己要赶紧开始一件事的同时，却因为种种原因在心里反复挣扎，最终导致时间过去了，但事情迟迟没有开始，这样的拖延不仅耽误了事儿，而且会使拖延者心里不断自责，痛苦不已。

拖延会给拖延者带来内在后果和外在后果。内在后果是，拖延者在拖延后必然要承受自身内在情绪的折磨，这包括自责、懊恼或愤怒。而外在后果则是这件事的耽误所造成的负面影响，比如学生未完成作业导致被老师责罚，公司职员未完成工作任务导致效益受损，等等。大多数时候，拖延者因为拖延总要承受学习、工作或人际关系上的挫折，所以不要再为自己找借口了。

拖延怪圈，为什么我们一次次陷进去？

在这里，我们把发生过拖延行为的人们称为“拖延者”。拖延者在拖延行为发生的过程中总会有这样一种感觉：开始了一个新的任务，下定决心要完成它，并且有信心可以完成它，但是这个过程中，一连串的想法、情绪总会影响自己，最后可能导致事情迟迟未开始。这个过程，人们称之为“拖延怪圈”。下面，我们就来看看“拖延怪圈”到底是怎样一个“怪圈”。

怪圈第一步：“这一次，我一定要早点开始。”

在任务一开始时，拖延者往往是充满激情和信心的，一部分人也许会心里藏着一丝不愿意开始的感觉，但每一次新的开始总会让拖延者下定决心“痛改前非”，相信自己这一次可以早点开始，早点把事情做好，最终按时把任务完成。然而，慢慢地，一段时间过去了，拖延者会发现这一次的情况并不比从前的好多少，于是从一开始的希望转变为隐隐的担忧。

怪圈第二步：“不行了，我一定要马上开始。”

紧接着，拖延者会发现自己错过了早点开始的时机，时间已经不知不觉过去了，这时候拖延者会感到焦虑和压力，只能不断提醒自己要赶快开始。但同时，拖延者仍抱有一丝希望，毕竟没有到“最后通牒”的地步，自己依然有时间去完成。

怪圈第三步："就算不开始那又怎样呢？"

时间过去了，但任务迟迟没有开始，拖延者已经产生了后悔和自责的情绪，想到自己可能真的开始不了，即将承受拖延带来的内在后果和外在后果。这时，大脑中会产生一连串的想法：

想法一："我为什么不早点开始呢"。拖延者会在内心中反思自己的行为，并且感到后悔和自责，这种负面情绪可能还会延续一小段时间，可是最佳时机已经错过，逝去的时间一去不复返，后悔已经没有什么用了。

想法二："除了这件事，我可以做其他任何一件事"。后悔和自责过后，拖延者会开始转换思维，试图安慰自己。比如，要写论文却迟迟未能下笔的人，会觉得如果不需要写论文，他甚至可以去操场跑 20 圈，或者承包家务一整个星期等。

想法三："我没法安下心来享受快乐"。因为拖延而带来的负面情绪挥之不去，即使拖延者通过享乐的方法试图把它掩盖或忘却，但实际上，内心深处依旧在不断地谴责自己。因此，无论如何转移注意力，拖延者依然会感受到痛苦和烦恼。

想法四：“只要没有其他人知道就行了”。随着时间的推移，拖延者已经意识到，任务也许真的无法完成了，这时除了安慰自己和转移注意力以外，他会希望没有人知道他的行为，试图掩盖自己因为拖延而产生的羞耻心。

怪圈第四步：“我怎么老是这样呢，是不是有毛病。”

这时候，内心从对自己的谴责已渐渐变成绝望了，时间过去了，任务没有开始，奇迹也不可能发生，内心从自责和后悔的情绪变成了一种恐惧，有些拖延者甚至会觉得：“我这个人怎么老是这样，是不是有什么毛病啊。”然后，开始觉得自己某些方面不如其他人，或许是智商，或许是能力，或许是运气。

怪圈第五步：“最后，到底是做还是不做”。

随着“最后通牒”的到来，拖延者必须得做出最后的抉择：到底是做还是不做。如果不做的话，拖延者会感受到最后一股压力，接着压力或爆发或瓦解，把时间“熬”过去。而如果选择了做，则是在最后一刻选择临时抱佛脚，加班加点甚至是废寝忘食，同时内心的悔恨依然存在：早知道就早点开始了。

怪圈第六步：“从此一定不再拖延。”

无论任务最后有没有完成，拖延者大多会在事情结束后立下一个“宏愿”，那就是：下次遇到新任务，一定不再拖延！然而，下次是否真的能不再拖延呢？大多数拖延者依然会重蹈覆辙，再一次陷进“怪圈”。

世界上真的存在“拖延基因”吗?

也许会有一些拖延者在自个儿“拖延症”犯的时候试图安慰自己:“没办法，这拖延的毛病大概就是天生的，是基因所决定的。”然而，这仅仅是拖延者的自嘲，因为到目前为止，并没有相关的研究指出人类有“拖延基因”的存在。但是，随着人们对大脑结构和运行的了解加深，发现确实存在一些可能会诱发“拖延症”的生理性因素。下面，就让我们走进大脑，来看看最新的几项研究成果。

研究表明之一：人类的大脑处于不断变化之中。

在过去，科学家们更多地认为，人类在成年之前，大脑是处于不断发育与变化的，18 岁是大脑成长发育的高峰，随着青春的逝去，大脑开始走下坡路。但现在，这种观点已经被否定了。

新的科学研究发现，我们的大脑处于一个不断变化的过程中，每天都在发生变化，而这与年龄没有太大的关系。大脑的变化受我们每天经历的事情和得到的感受影响，也就是说，今天做的事儿，无论好坏都会影响到大脑明天的功能，同一件事情做得越多，它对于大脑的刺激就越多，大脑对于这项活动的反馈也会越多。

这听起来像是一个好消息，然而每件事情都有它的正反面。大脑始终在变化，它的负面作用则是会强化过去的模式和意识，无论好坏。回到拖延的主题上来，也就是说，当大脑接收到的信号是对某件事情一次又一次的拖延，那么它会加强这种意识，让人在重遇这件事时，首先的反应就是拖延。

研究表明之二：你的感受连接着你的自我。

一个人的感受很重要，它可以引导你自己，连接着你的内在自我。试想，当你发生拖延这种行为时，是否是由于这件事儿或是这个任务给你的感受不好，所以你的行为和决定首先是听从你的内在自我。例如，你拖着某项作业迟迟不做，是感受到了“做这个作业是让人多么痛苦的事情”；你拖着不去练习弹奏钢琴，是因为“弹钢琴是多么无聊”这个感受在作祟。

然而，我们得了解的一点是，很多感受其实是发生在我们的意识之外，也就是说，或许你没有这种强烈的感受，但你的身体还是给出了相应的反应。前面说过，拖延的内在后果是导致自责、后悔和恐惧的情绪，而这样的情绪又会导致下一次行为的拖延。因此，为了对抗拖延，首先我们必须得学会忍受这些不舒服的感受。

研究表明之三：早期记忆塑造了你对事情的感知。

这里的早期记忆，指的是我们婴幼儿时期的记忆。你可能会说，那么小时候的记忆早就遗忘了。然而，婴幼儿时期海马体尚未发育成熟，早期经历都留在潜伏记忆中，并且在我们人生的某些时期会无意识地被激活。

所以，如果你在一件事情上表现出拖延，但是又没有任何不舒服的感受，也找不到任何缘由，那很可能是你的潜伏记忆被激活了。换言之，你可能没有印象或感受，但是你的大脑和身体却对此做出了反应。

研究表明之四：早期记忆影响一个人的自尊程度。

早期记忆不仅仅会在某些时候被激活，它还会影响一个人的自尊程度，一个人如何看待自己，很大程度上是受早期记忆的影响。“镜像神经元”的发现告诉我们：我们所看到的别人表现出来的行为、情绪或感受会在我们大脑中激发同样的神经元。换句话来说，就是我们的大脑状态会受他人大脑状态的影响。

当我们还在孩提时，看护人如果表现出来的是愉悦的、积极的情感状态，则会让我们产生一样的情绪反应；而如果我们那会儿看到的更多的是愤怒、冷漠或暴力，就会激发与此类负面情绪同样的神经元。

科学研究发现，自尊程度对拖延有一定的影响，低自尊者更容易犯拖延的毛病。这就好比，一个低自尊者渴望得到他人对自己的认可，但如果这件事的胜算太小了，反而会导致他拖延着不去做。

研究表明之五：后叶催产素或许可以帮助你克服拖延。

很多人都知道，后叶催产素是个好东西，它可以调节焦虑情绪，有助于我们调整人际关系和对其他人的情感依赖。其实不仅如此，它还可以帮助我们克服拖延。

拖延会让我们产生负面情绪，要正确地对待这样的负面情绪和感受，下一次才能走出拖延的泥淖。而后叶催产素的分泌，会减轻我们的焦虑情绪，提高我们的抗压感，因此有助于对抗诱发拖延的情绪。那么，如何增加后叶催产素的分泌呢？按摩、巧克力等都是不错的选择。

心理舒适区，你恐惧的是亲近还是疏远？

每个人都有一个心理舒适区，这个小小的“区域”决定了他与周围人的亲疏关系，也就是说走出了这个心理舒适区，就会让他们感到不适。因此，拖延有时候会成为一种手段，可以用来调节与他人关系的亲疏，让自己待在心理舒适区。

有些人喜欢与人亲近，害怕关系的疏远。这从根本上来说，是因为内心缺乏自我完整感，需要通过与他人建立亲密关系来获得安全感。

这种人的自主独立性往往相对缺乏，容易感觉自己无法独立地去完成某些事，他们内心渴望他人提供帮助，对自己伸出援手，因此事情常常拖延。例如，某一位单身女性的汽车需要更换轮胎和保养，尽管她早已上网查找了合适的汽修店，却依然以各种借口迟迟没有送修。其实，她的内心深处，可能是渴望另一个人的帮助，为她去做这些事，她的孤立无助导致了她的拖延。

他们害怕孤独，心里充满着对于疏离的恐惧，因此在亲密关系的处理上往往采取拖延的策略。例如，某一女生在她所处的恋爱关系里体会不到快乐，她与男友的感情早已出现了问题，但她却无法鼓起勇气提出分手，一直拖延着。其实，她是害怕面对与男友分手后独自生活可能遇到的问题，害怕孤独和分离，所以依然在内心深处留恋这一段不健康的关系。

而有一些人，则是害怕关系的亲近，与人保持距离是让他们待在自己心理舒适区的方法。一旦有人靠近，对于他们而言，意味着可能会侵犯自己的领域，他们下意识地会采取拖延的手段，后撤甚至是逃避。

这类人不热衷于社交，更不喜欢结交新的朋友，希望可以安稳地待在原有的人际关系里头。例如，我有一个朋友，毕业以后阴差阳错地到一个小城市工作，人生地不熟，花了几年时间才渐渐与同事熟络起来。待在那个地方，生活质量并不高，工作的薪资和发展前景也不怎么样，这些她心里都明白，但就是迟迟不愿意离开那里，拖延着不去找新的工作。我问她为什么，她告诉我，回自己家乡的希望不大，如果只是换一个城市或者换一份工作，则必须得接触新的环境和新的人，而这些对于她而言太累了。这一类人由于对亲密关系存在恐惧，才会选择用拖延的方式去逃避与他人的亲近，以此“守护”自己的心理舒适区。

一些人特别看重自己的利益，不容他人夺取或侵占，此时拖延也是一种好方法。例如，一些有对象却迟迟没有走进婚姻的人，他们在单身生活中可以自由支配自己的时间和精力，不需要迁就任何人，可以保持自己一直以来的生活习惯，这些利益一旦结婚就会被自己的另一半或是其他琐事所侵占，但这些人不愿脱离亲密关系独立生活，他们喜欢依赖伴侣的同时又不想有一纸婚书的束缚，因此很多人在面对催婚时会采取拖延的方法，能拖则拖，为的就是保护自己的利益。

还有一些在过去受过某些伤害的人，不希望重蹈覆辙，故用拖延战术来保护自己。在心理学的研究中，专家发现，我们当中的很多人都曾在原生家庭中受过伤害，可能是看过父母争吵的场景，可能是遭遇过家人的抛弃或嫌弃，也可能是童年阴影。而这些事情所造成的负面影响，如果没有进行正确的引导和管理的话，或许会伴随一个人的一生。过去亲密关系的不愉快经历，也可能导致一个人难以重新与他人再建立亲密关系。于是，有些人性格会显得“孤僻”，拖延着不去社交或约会，不喜欢与朋友深交，更不热衷于交往男女朋友。而这些行为，仅仅因为他们心底害怕重蹈覆辙，于是在内心对他人拉起了“警戒线”。

还有很多拖延的行为，其实是由于“心理舒适区”在“作怪”，这里由于篇幅有限就不一一举例了。人是社会型动物，生活中避免不了与各种各样的人发生各种各样的关系，没有一个人可以逃离人群独自活着。因此，一段良好的关系可以让我们更健康、快乐地自我成长，而这样一个良好关系的建立，则需要我们在亲近与疏离之间找到的平衡。

如何打造大脑的全局领导力?

在这一节里，我们将一起来探究几种与拖延症有关的身体症状，它们在日常生活中可能会表现为执行功能障碍、注意力缺失、强迫症、焦虑症、抑郁及失眠等。如果你正在经历着前面提到的这些状况，那么你的拖延就很可能找到了一些生理性的原因。通过科学的治疗方法，或许可以减轻这些症状，从而挽救你的“拖延症”。

关于执行功能障碍。如果把我们的大脑比喻为一个企业，那大脑中的执行区域就好比常说的企业首席执行官（CEO）。大脑的执行区域，负责的是对整个大脑不同部位的协调和合作。如果你经常有以下感觉：任务不知道从何做起，不知道计划如何安排，做事情经常丢三落四，时常感到事务杂乱无章，等等。那么，很有可能，你的大脑执行功能欠佳。而可能正是因为大脑执行功能障碍，才导致了拖延症的出现。例如，因为不知道下一步计划如何安排，只好拖着迟迟不去开始。

目前，执行功能障碍没有什么特效办法可以治愈，但我们还是可以通过一些科学的方法去“治疗”它。比如，在面对因为执行功能障碍而导致的拖延时，我们可以把当前这个大任务分割成一个个易于马上执行的小任务，或是一个个步骤，然后逐个去击破。还有一个行之有效的方法，就是找到一个执行功能较好的伙伴，与他结伴一起去完成某件事，在他的影响下，拖延症也许会逐渐离你远去。

关于注意力缺失，这里指的，不是简单的注意力不集中，而是心理学上的“注意力缺失紊乱症”（attention deficit disorder），简称为“ADD”。ADD 集中表现为：注意力不集中、情绪躁动、处事紧张冲动。多数 ADD 患者，自童年时期开始就有这些症状了。研究这方面的科学家巴克立博士认为，ADD 的根本问题在于抑制能力的缺失，换句话来说，ADD 患者无法通过抑制能力去控制自己当下的问题。例如，没有罹患 ADD 的正常人想法是：“如果我要完成这个任务，那么我必须现在就开始做。”而 ADD 患者的思维则是：“我要完成这个任务，可是它好困难，我就是不想做。”于是，他接下来的行动就是拖延。

研究指出，ADD 患者大脑中多巴胺的分泌处于一个水平较低的状况。那么，促进多巴胺分泌可能是缓解 ADD 症状的一个有效方法。因此，如果你的拖延症与 ADD 有关，不妨尝试多种方法去促进多巴胺分泌，或许会有意想不到的结果。

关于强迫症和焦虑症。这两者是相伴而行的，当一个人犯强迫症的时候，往往伴随着焦虑。例如，离开家时会担忧门是不是没有锁好，于是返回去检查是否锁了门。而这整个过程在大脑中，表现为“眶额前脑皮层”会产生对一件事的担忧，“扣带回”决定要做些什么事情去防止不良情绪，“尾状核”负责回到常态。加州大学杰弗瑞·舒瓦茨博士指出，强迫症患者大脑呈“脑锁住”状态，他们的大脑不懂得自动解开这个“锁”。

这与拖延的毛病息息相关，因为强迫症和焦虑症，使得一个人在完成一项任务时经常担忧不存在的错误，甚至反复去检查它，导致事情无法顺利推进。解决这一问题的方法是，通过刻意练习，去打破强迫症的思考循环。例如，当你再次产生返回去锁门的想法时，告诉自己“门已经锁好了，不必回头”，然后大步往前走。

关于抑郁。抑郁有一个共同的特点，那就是：做任何事情都提不起兴趣，整个人缺乏活力。那么，这自然就会导致拖延的产生。当一个抑郁症患者对所有事情都毫无兴趣时，自然就会拖沓不前了。如今，我们渐渐知道，抑郁有着很强的生物性基础，如果是确诊的抑郁症，则需要通过科学的治疗才能有效减轻。所以，如果是抑郁导致的拖延，必须先减轻或治愈抑郁的症状，才能有效地改善拖延。

关于失眠。斯坦福大学的威廉・迪蒙特博士，在睡眠领域的深入研究中发现，良好的睡眠对于人体各个功能的运作具有十分重要的作用。如果你想要通过多熬几个通宵，牺牲睡眠来换取更多工作或学习的时间，这个想法是不对的，它只会让你事倍功半。因为睡眠不足会使大脑无法正常运作，所表现出来的就是注意力不集中、记忆力下降、拖延等。所以，你的拖延症极有可能与“睡眠债”有关。

是真的无法开始，还是提前准备好了借口？

不知道你是否有过类似的体验：在考试的前一个夜晚，明明有一堆功课需要复习，但是却总想着刷网页打游戏，迟迟无法开始；面对着年终报告这项一定要完成的任务，却总在做一堆无关紧要的琐事，尽管尝了无数次拖延的恶果，但还是忍不住拖延到最后一刻才开始……那么，到底是真的无法开始，还是自己为自己准备了某种借口呢?

这种明知道后果，却忍不住自己给自己“挖坑”的行为，就是在前面提到过的“自我阻碍”，这个概念是心理学家爱德华·琼斯（Edward Jones）和史蒂文·贝格拉斯（Steven Berglas）在1978年提出的。所谓“自我阻碍”，指的就是在开始一件事情之前，先为自己准备一个障碍，可能表现为做出或说出对于成功不利的行为或言辞，为事情的失败提前准备好借口。

爱德华·琼斯和史蒂文·贝格拉斯在研究“自我阻碍”时，进行了一个有趣的实验：将受试者分为两组，给其中一组分配一个困难程度非常高的测试，另外一组分配一个非常简单的测试，而这两组人相互之间不知道测试的难度。在他们完成测试之后，实验者对它们给予一样的反馈——两组受试者的测试结果都非常出色。此时，拿到高难度任务的测试者心里就充满了疑惑，并把所谓的“出色”归因于自己运气好，而另外一组测试者则不会对此反馈感到意外。

紧接着，受试者们被告知将要进行第二次测试，并把第二次的结果作为真正的实验数据。在第二次测试之前，受试者们有两种药物可以选择：一种是可以提升他们测试时表现的增强药，另一种则是削弱他们测试能力的药物。实验结果是：在第一次测试中被分配到困难程度高的任务的受试者，选择了削弱能力的药物。

从这个实验中，可以推测：在第一次测试中，因为任务难度非常高，受试者们将得到“出色”的反馈归功于运气，而到了第二次，他们担心自己运气没有那么好了，自己的实际能力将被暴露，于是出于对自尊心的保护，他们选择了“削弱药”来为自己即将迎来的失败找借口。

那么，“自我阻碍”是好事还是坏事呢？其实，它有一定的积极作用。人们通过“自我阻碍”来为自己的失败找借口，在一定程度上可以维护自己的自尊，起到了一种自我保护的作用。毕竟，对于一些人来说，当自己拼尽全力还得不到预想的效果时，要去面对自尊心受挫这种伤害，是很困难的。研究结果发现，在开始一件事之前采用“自我阻碍”的策略，的确可以在短时间内提升一个人的自尊水平。

然而，从长远的角度来看，“自我阻碍”会让人们不自觉地对自己和未来的期望降低，对自己的能力和水平的认知也越来越不准确。人们因为“自我阻碍”，会倾向于选择一些困难程度较低的，自己把握较大的任务来完成，而失去了许多检验或提升自己能力的机会。

如何跳出“自我阻碍”的怪圈?

“自我阻碍”并非无解的难题，那么，该怎样跳出这个影响我们自身成长的怪圈呢?

首先，要降低“自我意识”。有研究显示，当人们的“自我意识”被降低时，也就是当一个人在人群中不太感受到自我时，被否定带来的焦虑感会大大下降。也就是说，如果你害怕别人的目光，那么先提醒自己：别人没有在关注着我的表现，我在别人的眼里没有那么重要。

其次，练习“防御性悲观”。所谓“防御性悲观”，指的是为事情预想一个最坏的结果，并且为之做好准备，但是依然要为事情本身努力。心理学家朱莉·诺勒姆（Julie Norem）认为，“防御性悲观”在一定程度上可以有效降低焦虑感。而练习“防御性悲观”，就是说，我们在开始一件事时，先预设好最坏的结果，并且为最坏的结果做好各方面的准备，然后一往无前地去努力，最后坦然地面对即将迎来的可能失败或可能成功的结果。

最后，排除一切干扰，专注地投入其中。

也许很多人会有这样的感觉：我并不是故意要拖延，只是在做事的时候特别容易分心，总是无法集中注意力，这才导致事情迟迟无法做好。

如今，无法专注，容易分心，似乎成了很多人难以摆脱的毛病。那么，为什么人会分心呢？提到这个问题，我们先来了解一下大脑注意力的基本模型。

美国认知心理学家波斯纳（Posner）对此提出了一个“注意力网络理论”。他认为，在人类的大脑中，存在着三个注意力网络，分别是警觉网络（alerting）、定向网络（orienting）和执行网络（executive）。这三个网络在各自独立的同时，又相互作用，共同形成了“注意”和“分散”的功能切换。下面，我们简单了解一下这三个网络发挥着怎样的功能：

警觉网络：主要负责将大脑切换到一个高度警觉的状态，对外来的刺激敏感。

定向网络：主要负责转移注意力，将注意力从眼前的事物移开，转到新的事物上去。

执行网络：主要负责将注意力聚焦到一个目标信息上，排除外界信息的干扰。

当前对于“注意力网络理论”的研究尚不够完整，但已经有一些实验证明，这三个网络之间存在着某种程度上的相互抑制的作用。也就是说，“执行网络”相对敏感的人，“警觉网络”的功能就弱一些，表现出来的就是专注力较高；反之，“警觉网络”相对敏感的人，“执行网络”的功能就相对弱一点，表现出来的就是容易分心。

当注意力集中在某一个事物上面时，就会暂时忽略掉其他方面的感受，此时就是“执行网络”在发挥作用。而当注意力开始分散，也就是上面提到的“分心”，就说明“执行网络”的功能开始下降了。与此同时，“警觉网络”开始发挥作用，将注意力转移到别的事物或信息上去。

这么看来，“注意力网络理论”似乎为人们的专注力低找了“借口”——不是我们不想专注，而是生理上的原因让我们无法专注。然而，要明确我们的目的——提高专注力，高效完成工作，因此，不妨尝试着与大脑“和解”，采取下面的小技巧，来提高我们的专注力。

技巧一：找到自己一天中状态最佳的时段。

人在一天 24 小时中，精力状况并不是恒定的，注意力也是一样。在一些时段，你可能会感到精力特别旺盛，注意力容易集中，而在另一些时候，则会觉得精神疲惫，注意力也容易涣散。因此，不妨试着观察自己一天当中的状态，找到自己状态最佳、专注力最高的时段，将重要的工作安排在这段时间。

一般而言，早睡早起是被广泛提倡的，因为对于很多人来说，早上的时段精神状态最佳，适合完成一天中最重要的工作。但是，每个人的情况不一样，有些人在深夜思维活跃，精力旺盛，注意力也容易集中，那就不一定非要遵循“早睡早起”的规律，只需要按照自身的实际情况来安排就好了。

技巧二：利用清单法，将任务拆分安排。

有些时候，当开始一项任务时，因为任务的复杂度、完成的时限以及其他任务的干扰，会导致我们注意力无法集中。因此，可以使用列清单法，将一件事情分解成若干个具体的任务，并且为每个任务分配具体的落实时间。接着，在开始一项任务时，就可以对照列表，明确自己的时间安排，帮助我们排除其他的杂念，提高专注力。

技巧三：减少外界干扰。

很多时候，人们下定决心要开始一项任务，但是在开始5分钟后，就会被微信、微博等各种其他的信息干扰。因此，不妨主动去避免这些外界干扰：切断网络、将手机调至飞行模式或者暂时屏蔽其他无关紧要的消息提醒，为自己创造一个不受干扰的环境。

遭遇逆境如何坚持？

可能有些朋友会认为：导致我们拖延原因之一，是遭遇了某种挫折或逆境。诚然，不少人在一件事情开始之初往往是充满信心和动力满满的，然而如果在过程中遇到挫折，又一时半会儿解决不了，那么事情就被耽搁下来了，长时间的耽搁就成了拖延。

俗话说：“人生不如意十之八九”。遭遇逆境，也许是人生中经常要面对的情况。那么，如何走出逆境呢？办法很简单，就是坚持。

有些人在接连遭遇逆境后会陷入一种无助的心理状态，这种情况在心理学上被称为“塞利格曼效应”。1967 年，美国心理学家马丁·塞利格曼做过一组实验：把一只小狗关在笼子里，当蜂鸣器一响，小狗就会遭受到电击，由于笼子是锁着的，小狗无法逃离；多次实验后，把笼子的门打开，然后打开蜂鸣器，但是未开启电击，他发现小狗没有逃离笼子，并且在遭受电击之前已先倒地呻吟。

塞利格曼效应的特征就是：当一个人接连遭遇挫折或困境时，容易意志消沉，产生放弃的心理。于是，尽管接下来成功的胜算很大，他仍因为没有坚持下去而直接导致失败。因此，导致失败的也许并不是逆境本身，而是无法坚持下去的心理。

美国考皮尔公司前总裁 F. 比伦提出：“如果你在一年中不曾有过失败的记载，你就未曾尝试各种应该把握的机会。”这就是著名的“比伦定律”。它强调，失败实际上是一种机会，无论做什么事，都是在不断地遭遇失败、尝试错误中学会的，这会促使人不断地提高自身的能力。

不难发现，逆境在我们的生活中是常见的，突破逆境的关键，在于不断地坚持。那么，如何做到坚持呢?

首先，将失败进行正确地归因。所谓“归因”（attribution），指的是人们对自身或他人行为原因的因果解释和推论过程。简单一点来说，就是人们如何理解或解释自己或他人的行为。1958 年，美国心理学家海德在他的著作《人际关系心理学》中提出了“归因理论”（attribution theory），他认为事件的原因主要有两种：一是内因，比如个人的能力、性格、态度等；二是外因，比如外界的压力、天气、情境等因素的影响。

在遭遇挫折或困境后无法坚持的人，通常会把事情的原因归结为那些自己无法控制，或者认为自己无能为力的因素上。例如，在内归因中，他们往往会认为是自己的能力不行，特别是在多次遭遇逆境后，会倾向于产生“我就是一个失败者”的心理，因此丧失了对抗逆境的动力；而在外归因中，他们会认为事情超出了自己的能力，因而不去尝试克服。

因此，如何坚持下去？首先就是将逆境进行正确地归因。比如，在遭遇逆境时，不能简单地认为是自己的能力不足，而要具体地去分析问题，并通过学习等方式来提升自己的能力。

其次，可以为自己设立一个“奖赏机制”。当一项任务难度比较大、难以一口气完成时，可以将任务切分为若干个小任务。例如，一首难度较大的钢琴曲在教学时，有经验的钢琴教师就会将曲子分为几个段落来教学。这样做的好处在于，将一件事情或项目的整体难度降低。

而在完成若干个小任务的过程中，每完成一个任务，可以为自己设立一个小小的“奖赏”，例如学生在完成枯燥的论文作业时，每完成一个章节，就为自己设立一个“奖赏”——刷微博 10 分钟。这样一来，不仅论文作业中的难点被切割，而且每攻克一个就能获得奖赏，有助于激励自己坚持下去。

“重要的少数”与“琐碎的多数”

如果你曾经做过时间管理，或者是仔细留意过自己每天点点滴滴的时间耗费的地方，一定不难发现，我们每天的很多时间都是在一些零零碎碎的事情上，例如收发邮件、看手机新闻、阅读公众号内容等。这些看似琐碎的小事，似乎每一件花费的时间都不多，但只要你尝试着记录一天的时间花费，就会惊讶地发现：原来它们占据了我们一天大部分的时间！相反，我们花费在重要事情上的时间是相对比较少的。有时甚至会因为“拖延症”犯了，在重要的事情面前久久不愿意开始，一直做一些琐碎的小事，时间就无情地溜走了。

这就要求我们首先要改变拖延的想法。美国心理学家威廉·詹姆士在时间行为学的研究上有不少独到的见解，他发现人们在对待时间上有两种态度：一种是“这件事情非常重要，可它实在太让人讨厌了，于是我能拖就拖”；另一种是“这件事情让人非常讨厌，可因为它特别重要，所以我得马上开始，好让自己早点摆脱它。”

在这两种态度中，事情“非常重要”的前提是一样的，然而由于对待它的态度不同，则可能导致两种不一样的结果。因此，要想摆脱“拖延症”，第一步就是改变拖延的想法——当一件事情很重要且必须完成时，尽管它让人感觉不愉快，但只要你越早开始动手，就可以越快摆脱这种不愉快。例如，从每天你需要做的事情中，选择最不愿意做的事情，并且从它们开始入手，去尝试“先苦后甜”的滋味。

1897 年，意大利经济学家菲尔弗雷多 · 帕累托对 19 世纪英国社会各阶层的财富和收入进行了统计分析，他发现：社会财富的 80% 集中在 20% 的人手中，而其余 80% 的人只拥有 20% 的社会财富。同时，他还从早期的资料中发现，在其他国家也存在这种微妙的现象。这就是著名的“二八法则”（the 80/20 rule）。

“二八法则”在我们的生活中也经常出现，例如：人们 80% 的时间里穿的是他们所有衣物当中的 20%；人们 20% 的决定可能会导致他们 80% 的成功或者失败；商场中 80% 的销售额来自于 20% 的顾客，等等。

不仅如此，“二八法则”在原因与结果、投入与产出以及努力与收获等方面都能体现。也就是说，很小的一部分原因可能会导致大部分的结果，很小的投入可能会获得多的产出，很少的努力可能会有大的收获，等等。这听上去有些不太合理，常言道“一分耕耘一分收获”，如果只是付出很少的努力，怎么可能会有大的收获呢?

其实，这并不难理解。因为我们每天所做的事情当中，只有一小部分的事情是重要的，大部分的事情是琐碎而不重要的，我们每天耗费的时间亦是如此，只有一小部分的时间被高效利用。学习和工作也是如此，学习中有重点，把主要精力都集中在重点上，就可以帮助我们获得好成绩；工作中有重点内容，解决了重点内容，剩余的自然就变得得心应手。

那么，如何把“重要的少数”做好呢？我们在改变拖延想法的同时，还需要安排一段不被干扰的整块的时间。科学研究指出，人注意力集中的持续时间在 25 分钟左右（每个人的情况可能不一样）。因此，在专注于做好某件事时，可以观察自己的注意力持续时间有多长，并且根据自己的注意力持续时间，合理安排工作和休息。例如，可以设置 25 分钟为一个专注时间，然后休息 5 分钟，调整状态，再进入下一个 25 分钟，以此形成好的循环。

最后，是要严格要求自己在期限内完成。巴金森在其所著的《巴金森法则》中有这样一句话：“你有多少时间完成工作，工作就会自动变成需要那么多时间。”之所以导致拖延，很可能就是因为你没有为自己设定一个完成时间，或者是没有严格要求自己。一旦你发现，自己只有一天或者一小时去完成，那么，拖延的“病毒”也就无缝可钻了。

Chapter 3

×

总被忽略却“细思极恐”的社交心理学

为什么少数总是容易服从多数?

“少数服从多数”，除了是众人投票或作某种决定时使用的一种民主化的原则以外，还是生活中常见的一种现象。不知道你有没有发现，人们吃饭的时候总喜欢去那些客流量较大的餐厅，购物的时候总喜欢走进人多的商店，选择一个品牌时总会倾向于市场占有率较高的，对于自己服饰风格的选择也更趋于大众流行的……而当我们在日常生活中作出这些选择时，我们冥冥之中就是在“少数服从多数”。这到底是为什么呢?

其实，这是一种“从众心理”。所谓“从众心理”（conformity behaviour），在心理学上又被称为“从众效应”，它指的是个体或少数人容易受到群体或多数人的影响，而在自己的判断、看法、认识上表现出符合群体或多数人的行为方式。

德国曾经有过一个著名的实验：某所大学请来了一位化学家，为学生们展示他发明的一种挥发性液体。化学家首先告诉同学们：“我最近研究出了一种强挥发性液体，现在我来做一个实验，目的是想看它花多少时间可以从讲台上挥发蔓延至整个教室。那么，从现在开始，请闻到液体味道的同学一一举手，我开始计算时间。”于是，他打开了手中密封的瓶子，让所谓的挥发性液体自由挥发。不一会儿，前排的同学举起了手，紧接着，中间的、后排的同学也陆续举起了手。结果不到 2 分钟，全体同学都举手了。然而，这个所谓的化学家不过是本校一名普通的化学老师，而他手里的挥发性液体也只不过是一瓶普通的蒸馏水。然而这个实验，却很好地说明了“从众效应”——压根没有闻到什么味道，但看到别人举手，于是同学们也陆续举起了手。

在《影响力》一书中，销售顾问卡福特·罗伯特曾说过：“这世界上真正的原创者只有 5%，其余的 95% 都是模仿者，因此别人的行为比我们提供的证据可能更有说服力。”我们当中的大多数人，都不是“特立独行”的。当你拥有一个想法，获得了其他人的肯定时，自己就会更肯定这个想法，而如果遭到其他人反对，心里也会开始否定自己；当你想去做某件事情时，也总是希望这件事能够获得别人的支持，这样你才会更放心大胆地去做。而这表现出来的，通常就是，已经存在的某个被大家肯定的想法，或是被大家支持的行为，然后你作为“少数”，去遵循大多数人的选择。

那么，“从众心理”是怎样产生的呢？在远古时代，为了生存，人类选择群居，这个“群”小到原始社会的“部落”，大到今天的“国家”。而为了维持群体的稳定性，就必须要求群体内的个体保持某种程度上的一致性。这种“一致性”首先表现在行动方面，而后慢慢地表现在情感、态度和思想方面。

从众是一种普遍的社会心理现象，“从众效应”本身也没有好坏之分，其作用只取决于在什么问题或什么场合上产生从众行为，具体表现在两个方面：一是具有积极作用的从众正效应；二是具有消极作用的从众负效应。

积极的从众正效应可以促使人们互相鼓励，促进每一个个体的正面发展，营造良好的氛围和效果。某高中有一个班级，班级里几乎所有的同学都在高考中取得了好成绩。原因就是，班级里的同学都愿意努力学习，就算是原先学习成绩较差的同学，因为“从众心理”也逐渐向其他勤奋的学生靠拢，最终整个班级的学习氛围非常好，结果都取得了满意的成绩。这就是“从众效应”的正面例子。

而负面的从众效应则会抹杀一个人的创造性和独立性，变得没有主见，人云亦云，严重的甚至会损害自身的利益。例如，经济市场上的“托儿”就是利用从众效应让消费者集体购买的一种运用。还有，现在大多数人涌入房地产市场，即便房价越来越高，仍希望自己能够拥有一套房子，这其中除了投资心理还离不开从众心理。

你对别人的幸福怀有某种恶意吗?

曾经看过一档访谈类的综艺节目，对其中一期的内容印象比较深刻。那一期节目的主人公是一对亲姐妹，姐姐长得比较漂亮，从小学习成绩也比较好；妹妹长相平凡，一直以来也没有姐姐优秀，于是从小就活在姐姐的光环下面。长大以后，姐姐交往了高大帅气的男友，本来这是值得全家高兴的事情，结果妹妹却出手把未来姐夫给抢了。当节目谈到这里的时候，众人哗然，很多人都难以理解为什么亲妹妹可以做出这样不道德的行为，竟对姐姐的幸福怀有恶意?

其实，这是“嫉妒”心理在作祟。“嫉妒”（jealousy）是指人们在一定利益的竞争中，对其他人怀有的一种排斥、冷漠、敌视的心理状态，以及感觉委屈、不公的情绪反应。“嫉妒”对应的英文单词，除了“jealousy”以外，还有“envy”，而“envy”一词源自于拉丁语“invida”，来自于动词“invidere”，是“有敌意地看着”的意思。在人的一生中，或多或少都有过“嫉妒”的体验，它或是针对某个人，或是针对某个群体。

人们会产生“嫉妒”心理，有四个方面的前提条件。第一，与产生嫉妒心理的对象各方面条件接近。例如开篇故事的亲姐妹，俩人拥有一样的生活背景和社会阶层，才有可能引发一方的嫉妒心理。否则，当双方实力不在一个水平线上，根本没有进行对比的必要。第二，引起嫉妒的这件事与自我价值有关。所谓“自我价值”是指在个人生活和社会活动中，自我作为个体对社会作出贡献，而后社会和他人对此个体存在的一种肯定关系。也就是说，通过与他人的比较可能会引起自我价值方面的质疑。第三，产生不公平的主观情绪。不公平感是通过比较得出的，人们在做自我价值判断时，除了使用客观的衡量标准外，通常都会采用社会比较的方法，当比较出优劣之后，人们在主观上会产生不公平感。

第四，主观上认为自己对这件事的控制力高。人们容易有这样一个心理，将别人的成功归因于运气，至于自己，同样有能力去完成那样的事，只是缺乏了运气。

生活经验告诉我们，“嫉妒”通常不是个好词，是一种负面情绪。其实，“嫉妒”有善意和恶意之分，这主要与嫉妒所造成的正面影响和负面影响有关系。恶意的嫉妒，伴随着破坏的意图，企图让嫉妒的对象在与自己的比较中处于劣势，而心怀嫉妒的人可能会遭受道德谴责、心理折磨等方面的伤害。例如上文中的妹妹，因为从小在与姐姐的比较中，自己都是处于劣势，出于恶意嫉妒心理，她希望在这一次比较中自己可以反败为胜，于是才做出了夺人所爱的不道德行为。而善意的嫉妒通常会使得产生嫉妒心理的人伴随着一种被激励的感觉，这样的嫉妒可以化压力为动力，化嫉妒为崇拜，使得产生嫉妒心理的人通过不断提升自我而向他的嫉妒对象靠拢。

《人格与社会心理学公报》于 2011 年发表的研究显示，善意的嫉妒有利于人们智商的提高和创造力的发挥。它类似于“羡慕”，但却比羡慕让人有更大的动力和更好的表现。还有心理学上的相关研究指出，善意的嫉妒能够改善人们的专注力和记忆力，这些都是“嫉妒”的正面作用。

那么，如何避免恶意嫉妒的发生呢？心理学家们建议，要正确地看待自我价值，正确地管理自尊水平，在产生嫉妒心理时，通过盘点自己过往的成就，罗列自己的优点，来满足自我强化的需要。实验发现，在嫉妒的情景下，有意识地罗列自己优点而进行自我肯定的人，更多地产生了善意嫉妒，愿意理性地思考自己与他人的差距，通过自我提升来公平竞争；而放任嫉妒心理，甚至已经产生恶意嫉妒心理的人们，更多的是通过破坏行为来维持自己在比较中的自我价值。

为什么朋友圈越刷越心烦？

不少人着迷于刷微信朋友圈，或者微博等社交媒体。只要一有时间，就会拿出手机，或是给别人的动态下面点赞评论，或是自己发个内容等待别人点赞评论，而只要有人给予回应，就会觉得很开心。如今，刷朋友圈这事儿几乎填满了人们的碎片时间，但开心之余，有时候也会让人感到焦躁。这又是为什么呢?

首先，可能是“自尊水平较低”的表现。关于“自尊”（self-esteem），在前面的章节中已有所提及，这里再做一些补充。美国心理学家威廉·詹姆斯是这样解释的：自尊，是人们对自我价值的感受。很多人刷朋友圈、发朋友圈的期待在于希望收获更多人的关注，这表现为：在评论他人时，时隔多久可以获得他人的回复，而在发朋友圈时又能收获到多少个赞和什么样的评论。相信很多人都有这样的体验，当我们辛辛苦苦把自拍图修了又修，发到自己的朋友圈上面时，当然希望获得更多人的赞美了。实际上，这种焦虑地希望得到关注以及和社交平台上的好友互动，就是某种层面上的自我价值的体现。很多时候，人们对自我价值的感受会受外界对自己的评价影响。

心理学家克里斯·默克在对“自尊”的研究中，提出了一个两因素模型。他指出，一个人的自尊由两方面构成，一方面是对自身能力的认同，另一方面是对自身价值的认同。当一个人认为自己很有能力而且很有价值的时候，他会获得较高的自尊水平。而当一个人认为自己很有价值，但是缺乏能力的时候，或是反过来认为自己很有能力，但没有价值的时候，就成了“防御性自尊者”。而这两种“防御性自尊”中的前者，通常会表现为：在朋友圈里“晒”自己读过的书，写过的文章，参加过的高端活动等，而这种行为实际上是通过自我形象塑造来获得他人对自己能力的肯定，以提高自尊水平。

其次，也可以换一个角度去看待这个问题，也许不是刷朋友圈让你感到焦虑，而是你本身就已经焦虑了，刷朋友圈只是你下意识地想要去缓解焦虑的方式。这种焦虑，有人把它称之为“意义焦虑”。通俗一点说，就是因为感到生活本身或当下的这一刻没有任何意义而产生的焦虑情绪。

通常情况下，如果我们在参加重要的会议、课程、约会或身处其他重要场合时，我们往往不会掏出手机来刷朋友圈，那是因为当下的那一刻对于我们来说已经很有意义了。而如果我们是在应付某场无聊的聚会或是活动时，就会下意识地点开朋友圈刷个不停，本质上是因为我们觉得做那件事没有意义。

为了安抚这种“意义焦虑”情绪，最简单快捷的方式就是打开手机刷朋友圈或其他社交网络平台，因为在上面可以和他人发生及时的互动行为，让人立马可以与世界发生联结。然而，所有快捷的情绪处理方式，都可能会导致上瘾。对于上瘾，生活中最容易接触到的例子就是“耐药性”，也就是为了达到最初的药效，随着时间的推移，药的剂量在不断上升。同样，刷朋友圈也是这样，为了更好地抚慰情绪，只能不断地增加刷朋友圈的频率和时间。这样的行为只能起到短暂的效果，焦虑依然是存在的。因为，你本来就焦虑。

当你发现自己已经沉迷于刷朋友圈等社交媒体时，需要意识到这可能是你存在“意义焦虑”的信号。如果只是在某种特定情境下的短暂行为，那大可以放宽心，而如果这已经成为你的常态，就要开始反思生活是不是出现什么问题了。

为什么有的人遭遇失败后，希望别人也失败?

《三傻大闹宝莱坞》是一部票房高、口碑佳的好电影。电影告诉我们，当一个人不断地在追求优秀，他离成功也就越来越近了。我们不能因为害怕未来，就在今天对自己缩手缩脚。每个人的心灵都很脆弱，我们首先要守护好自己的心。这是一部励志电影，有很多值得人们回味的地方，而其中有一个细节，一直以来也让人们反复斟酌和讨论——三个人要完成一样的任务，会进行相互比较，而当彼此的比较对象表现得越好时，他们就会越难过。也就是：朋友失败，你难过；朋友成功，你更难过。

也许，很多人都有过类似的感受。当你自己遇到挫折，或是过得不好时，往往不希望身边的人过得好，甚至会有一点点“坏”心思：希望别人比自己惨。有些人会觉得，那是出于妒忌心理，因为见到别人比自己好会“眼红”，还有人觉得，那是因为挫折会让人产生挫败感，这时候如果身边的人也失败，会觉得有人帮自己分担了一部分挫败感，进而心里头就好受多了。这些理解没有错，但这只是生活经验告诉我们的，这种现象，在心理学上，又有哪些解释呢?

出现这种现象，是有着三个方面前提的。

首先，是因为人们有着“自我强化”的需要。所谓“自我强化”（self-reinforcement）是班杜拉自我效能理论的其中之一，该理论认为：个人依据强化原理安排自己的活动或生活，每达到一个目标就给予自己一点物质或是精神上的回报，直到最终目标达成。出于“自我强化”的需要，人们会为了达到目标，倾向于做出那些可以满足自我的行为，而拒绝或逃避那些自己讨厌的东西。

“自我强化”包括三个过程：一是自我观察，因为不同事件和任务具有不同的评价标准，人们往往会根据不同的标准对自己的行为作出评价，这种评价可能起到正面的作用，也可能起到负面的作用；二是自我判断，除了使用外界的评价标准，人们还会用自己设定的标准来判断和评价自己；三是自我反应，人们对自己的行为作出评价，会有不同的反应，例如自我认可、自我满足、自我批评、自我否定，自我认可会起到正面强化作用，自我否定则会起到负面强化作用。

其次，是出于“自我强化”需要，人们普遍希望获得社会认可，而这种社会认可最直接的方式就是进行“社会比较”。所谓“社会比较”（social comparison），指的是人们在做自我评价时往往是通过与周围人的比较得出的，而不是单纯地根据客观的标准。

最后，“归因理论”告诉我们，造成结果的原因分为内因和外因，内因包括个人自身的态度、能力、情绪等，外因则包括外界压力、环境等。人们在解释别人的行为，倾向于内因，而在解释自己的行为时，则更倾向于外因。

在阐述完这三个前提后，我们回到题目本身。当一个人遭遇失败的时候，他可能会寻找失败的原因，那么根据“归因理论”，分析自己失败时人们会更倾向于寻找外界的原因。同时，他会与周围的人进行“社会比较”，不会单纯地着眼于自己本身。那么，出于“自我强化”的需要，人们为了获得自我满足和自我认可，就可能会倾向于“希望身边的人也失败”。而又因为“归因理论”，人们会认为别人失败的原因是他自身的原因，也许是能力不足，也许是不够努力，那么这样一想，“自我强化”的需要就被满足了。

然而，“遭遇失败后，希望别人也失败”这种情况也不是绝对会出现，它的前提大多是你和比较对象处在差不多的环境下，进行着一样的任务，而比较对象的能力与你相仿。试想一下，身边是一个本来就比自己厉害很多的人，当你失败的时候，通常就不会希望他也失败。而当你看到他再一次成功时，心里也许只会产生崇拜或羡慕的想法。各方面基础一样，关系较为亲密，是进行“社会比较”的前提。

为什么别人的优秀会让我们心里不舒服?

想必你也或多或少有过这样的体验，看到身边的同学、同事有着比自己丰富的见识、更优秀的能力，于是心里不知为什么涌起了奇怪的感觉。说不上嫉妒，只是有点酸酸的，或许是为自己不够优秀而担忧。

正如加拿大女作家蒙哥玛丽在著作《绿山墙的安妮》中说的那般："尽管远大的抱负值得拥有，但它们却不是轻易可以达到的，需要付出辛勤的劳动，进行自我克制，并经受焦虑不安的种种考验。"人为了达到自己的理想或是目标，为了追求更优秀更卓越，在不断努力的过程中，饱受着焦虑情绪的折磨。焦虑，可谓是现代人的情绪通病。

要了解焦虑，首先得从了解情绪开始。从生物进化的角度上，情绪可以分为"基本情绪"和"复合情绪"。"基本情绪"也被称作"初级情绪"，是人类与生俱来的，美国著名心理学家克雷奇把快乐、悲哀、愤怒和恐惧看作人类的四种基本情绪。"复合情绪"又称为"次级情绪"，指的是由两种或两种以上的基本情绪所派生出来的情绪，它被用来表达人类与客观事物之间复杂的相互关系。其中，“焦虑”就是“复合情绪”的一种。

所谓“焦虑”，指的是因为潜在威胁所引发的以担忧、紧张、不安为主要表现的复杂情绪反应。那么，回到今天的题目，你的痛苦，你的焦虑，与其他人的优秀有关吗？

人们在努力的过程当中，很容易或主动或被动地与去与其他人作比较。当一个人在与其他人作比较时，发现自己不如他人，所感到的焦虑、尴尬、嫉妒等体验就是复合情绪，而这种复合情绪本质的基本情绪，则是一个人因为自己不够优秀而产生的恐惧或不快乐。也就是说，你的焦虑本质上与其他人的优秀没有关系，而是与你自身的不够优秀有着密切关系。然而，只有少数人可以正视自己的基本情绪，同样地，也只有少数人可以做到在正视情绪后，勇敢地承担起自己的责任——努力是为了让自己变得更加优秀。

当一个人能够勇敢面对自己，了解自己的基本情绪，接纳自己的现状，并想通过努力去改变现状时，这时他努力的出发点是“追求积极体验”（pursue positivity）。这样的努力是从自身出发的，想要让自己变得更优秀，而不单纯是要缓解自己不如别人优秀的焦虑感。此刻的努力，会让自己获得由衷的快乐。他清楚别人也在努力，他清楚别人的努力或许可以获得更好的结果，他清楚别人比他优秀，但是他依然愿意去努力。

而如果一个人仅仅囿于焦虑的复合情绪，无法直面真实的自己，无法探求内心最深处的愿望，则很难接纳自己，表现出来的，往往只是在各种复合情绪中徘徊：从焦虑到嫉妒，从嫉妒到疏离。内心无法肯定别人的成功，也无法接受自己的不足，下定决心想要超越对方，但目的只是“摆脱消极体验”（avoid negativity），以这种出发点做出的努力，并不是为了自身成长，而只是为了在比较中把对方给比下去，获得一种短暂的快乐体验。然而，人外有人，天外有天，一个人若只着眼于比较，一定会有比不完的对象，那么，这个人的痛苦和焦虑将在比较中永无休止。从本质上来说，这一类人自我认可度较低，只能不断地在外界寻求认可，表现为不断地通过攀比，从别处获得自我价值感，而难以专心了解自我、发展自我。

因此，如果别人的优秀让你感到痛苦和焦虑，只是因为你未能透过复合情绪去关注本质的基本情绪，又或者说，你看到了本质的基本情绪，但未能承担起这个责任。那么，了解清楚这些以后，不妨问问自己的内心，到底是为了什么而努力？是为了超越你在努力道路上遇到的其他人？还是为了自我成长？要清楚一点，在人生这条路上会遇到什么人，你无法预知更无法控制，但你自己内心的想法，你努力的方向，你的时间和精力放在哪里，你可以控制。那么，与其去担心其他人是否比自己优秀，不如把重心放在自己可控的因素上。

为什么有的人处理自己的事时没有动力，完成其他人的请求时却尽心尽力？

有一个读者曾经与我交流，他说他在朋友身上看到一个有趣的现象。这个现象是，不管别人对这位朋友有什么请求，这位朋友总是非常卖力去完成，而面对自己的事，却未必那么用心。因为是从事设计工作，总有人隔三岔五地找他这位朋友当自己新房的免费设计师，其实他大可以推脱，但每次总是加班加点地去完成朋友的嘱托，有些时候，甚至废寝忘食，连自己的休息时间也没有了，而对于自己的事儿，他反而没有这么大的动力去处理。

这听上去，绝对是一个拥有助人为乐精神的人，宁可牺牲自己的休息时间和应得的酬劳，也要去尽心尽力地帮助其他人。但是，为什么在处理自己的事情时，这一类人就似乎显得不太用心了呢?

首先，这可能是自尊水平较低的一种表现。所谓自尊，从心理学的角度来讲，它主要是指个人对自我价值和自我能力的情感体验。简单来说，就是自己对自己的能力和价值的评价。自尊水平有高低之分，低自尊的人对自己的能力和价值评价较低，不相信自己的自我价值；而自尊水平较高的人则相反，他们的自我认可度较高，会趋向于肯定和相信自己的价值。

自尊水平较低的人会习惯性地忽视自己的需求，因为对于自我价值不认可，从而不敢肯定自己的真实需求。他们更重视别人的需求，做出尽心尽力帮助他人的表现。之所以产生这样的举动，一方面是为了获得外界的认可，来弥补内心因为低自尊而引起的不自信，另一方面是本我的一种“释放”。

面对他人的请求，如果他能尽心尽力，迎难而上，说明他确实是拥有完成这项任务或者解决这种问题的能力的。既然可以完成别人的托付，那当然也能做好自己的事。但是低自尊水平的人会觉得别人的需求是值得被尊重的，而自己的需求是不值得的，既然不值得，当然就没有动力去做好了。

至于造成自尊水平较低的原因，心理学研究认为有很多因素，其中包括两个方面。

一方面，是害怕自己的需求不能得到满足，这很大程度是由童年经历引起的。例如一个人孩提时期曾经想要某件玩具，可是父母因为各种原因没有满足他，他后来不敢再提，而且在心里生出“原来我提这个要求是不该被满足”的心理。后来这种心理随着年岁的增长慢慢发展，长大后他便不敢再随意提要求，因为他觉得提出来也没用，不会得到满足。

另一方面，是自己的需求得到满足，便会产生一种内疚感，这在创伤或悲惨经历过后尤为明显。例如在穷苦年代，大家普遍过着温饱都得不到解决的生活，有过这种经历的人，即便如今生活已经越来越好了，可能还是会表现得过分节俭。那是因为过去的悲惨经历在他们内心深处烙下了印记，需求如果被满足了，心里就会产生强烈的内疚和自责。

健康的利他行为，乐于助人的中华民族传统美德，都是为社会所大力提倡的。但如果是病理性利他，则可能是低自尊者用以自我满足的曲折方式。

何谓“病理性利他”呢？顾名思义，就是不正常的利他主义，简单来说，就是舍弃自己的利益，热衷于帮助别人，甚至是用自己的利益去换取别人的利益。这听上去，是一种挺“伟大”的行为，然而却很可能是自尊水平较低的人，辗转地来提高自我认可度的一种方式，实际上是一种负面的利他。

自尊水平低的人往往沉浸于焦虑的情绪，因为不敢正视自己内心的需求，又担忧外界对于自己价值的认可度，所以他们通常会过分介意别人对于自己的看法，活得谨小慎微，忧心忡忡。而“病理性利他”这种行为可以起到暂时缓解焦虑情绪的作用，原因就在于，他在满足别人需求的同时，实际上是把自己的需求投射到了别人的身上，通过满足别人，来辗转地满足自己。严格来说，这是有些病态的。

为什么我们总喜欢给其他人贴标签?

一个学习成绩好的人，经常会被身边的人称为“学霸”，反之学习成绩差的，会被大家称为“学渣”；富有且出手阔绰的人，经常会被人说成“土豪”；可以自己独立搬重物，性格豪爽的女生往往会被叫作“女汉子”……近些年，这样的网络新生词很有意思，可以说是言简意赅，用来给人贴标签再好不过了。

我们当中的很多人，可能都曾经给别人贴过标签，或者是被别人贴过标签。那么，为什么人们总喜欢给其他人贴标签呢?

首先，这是受“刻板效应”的影响。所谓“刻板效应”（effect of stereo types），又被称为“刻板印象”“定性效应”，指的是人们容易对某一类人产生一种比较固定的、类化的看法，而这种看法，往往在接触或交往之前就产生了，是根据过去的经验总结或从他人口获知的。例如，人们总爱说“物以类聚、人以群分”，于是会将某些属性一致的人归类，而得出一个总的印象，最常见的，就是我们常说的“北方人都是豪爽的”“广东人都不爱吃辣”，等等。

“刻板效应”的形成，主要有两方面原因：一是直接与某个人、某个事物或某一群体发生接触，将其特点固化；二是由他人传达信息，间接接触，形成固化印象。“人以群分”的确有一定的科学性，但群体当中的每一个个体又都具有独立性，因为“刻板效应”去一概而论，很容易形成偏见。

包达列夫是苏联著名的社会心理学家，他曾做过这样一个实验：他先把受试者分为 AB 两组，然后拿出一个人的照片分别给这两组的人看，照片中的这个人眼睛凹陷，下巴往外翘起。他跟 A 组的实验者说：“照片里的这个人是罪犯”，跟 B 组的受试者说：“照片里的这个人是一位著名学者”，然后请这两组人分别对这个人的特征来进行评价。结果，A 组受试者认为：“照片里的这个人长相狡猾奸诈”；而 B 组的受试者则认为：“这个人眼神深邃，很有学问”。为什么人们对于同一个人会产生截然不同的看法呢？原因很简单，因为他们被事先告知了这个人的身份，而人们对于社会上各类型的人早已有了“刻板印象”，因此即便只是描述一个特定的人，也会说出他归属的那一类人的特征。

“刻板效应”具有一定的正面影响。人的思维总是从个别到一般，再从一般到个别，刻板印象就是建立在对某类群体品质特征抽象概括认识的基础上，反映了这类成员的共性，有一定程度上的可信度和合理性。故在人际交往中，它可以帮助人们迅速做出判断，简化人们的认知过程，增强了人们在沟通中的适应性。

但是，它也会有一定的负面影响。它容易阻碍人们对个体独立特征的判断，一旦形成不正确的刻板印象，再用这个印象去衡量他人，就造成了认知上的偏差。在我国“四大名著”之一《三国演义》里头，也有关于“刻板印象”的故事。庞统去拜见孙权，书中描述这一段的内容是“权见其人浓眉掀鼻，黑面短髯，形容古怪，心中不喜”；而庞统去见刘备，则是“玄德见统貌陋，心中不悦”。其实，孙权和刘备可能还没有深入了解庞统，就因为庞统样貌丑陋而对庞统产生了反感。这正是刻板效应的负面影响。

那么，该如何克服刻板效应的负面影响呢？我推荐的方法是：始终保持理性，将每一个人看作一个独立个体，而不是某一群体中的一员，与之接触，深入了解，用事实说话，而不是轻易地贴标签，或默认标签。

然而，从另一角度来考虑，人们也可以反过来利用“刻板效应”管理自己的形象。虽然我们现在已经知道了，标签使我们对人的认识太粗糙模糊，很多时候标签还意味着一种偏见，但人们的大脑总喜欢寻找捷径去认知世界，而贴标签可以简单迅速地把抽象概念和具体行为联系起来。既然如此，我们大可以利用这种“刻板效应”，为自己塑造一个好形象，主动给他人留下一个好印象。在生活中，以一个诚信有礼的态度去面对别人，慢慢地，为自己建立一个好的标签，这就有利于我们的人际交往。

为什么女人尤其喜欢抱团?

在日常生活中，我们经常可以看到，女生们喜欢三三两两地聚在一起，不管是吃饭、活动还是上厕所，比起男生，她们更倾向于结伴而行。这就符合了现在很流行的“抱团”一词。“抱团”一词最初主要用在网络游戏上，几个人形成一个联盟，聚集比较稳定而强大的力量去对抗敌方，就叫“抱团”。而后广泛地被人们运用，多指小团体、小群体。我们不难发现，在“抱团”这件事上，女人比男人要更加热衷，这是为什么呢?

首先，这得追溯到远古时代的生活模式。在原始社会，男人和女人有各自的职责和分工，男人负责狩猎捕食和保护家庭，他们所表现出的是勇敢、能力和技术；女人负责生育繁衍、采果编织、照顾家庭，她们更多体现的是沟通交流方面的能力。这个分工渐渐地导致了男人和女人有不同的需求，男人需要沉默，安静地等待猎物，女人则需要倾诉，有情感方面的需求。所以，女人喜欢抱团这事儿，从古时候就已经开始了，虽然经过了漫长的演变，生活模式也已经发生了天翻地覆的变化，但这种特性还是根深蒂固地流传了下来。

其次，相关研究表明，女性更倾向于回避竞争，喜欢协作。美国加州大学圣塔芭芭拉分校曾经做过一个实验：分别选取了相同数量的男生和女生作为志愿者，在确保团队中男女志愿者比例均匀的前提下，让他们完成团队项目和个人项目。实验结果显示：在团队和个人项目的成绩方面，男生和女生没有特别显著的差异，然而在询问他们对此次完成项目的体会时，女生普遍表达出她们与人搭档的信心和期望更多，而男生则没有明显的感觉。这个实验可以说明，女性更愿意与他人合作，通过集体的力量去完成一项任务，这可能是跟女性对他人的信任感更强的原因有关。而男性则更愿意自己动手，抱团意识不强，这可能跟男性普遍更自信有关。

再次，马斯洛需求层次理论告诉我们，人类有各种需求。1943 年，美国心理学家亚伯拉罕·马斯洛在《人类激励理论》论文中提出该理论，他将人类需求像金字塔一样从低到高按层次分为五种，分别是生理需求（body needs）、安全需求（security needs）、爱和归属感（love and belonging）、尊重需求（ego needs）和自我实现需求（self-actualization）。在这个理论中，我们可以看到，人类第三层次的需求就是爱和归属感，也就是说，人人都希望得到来自他人的关心和照顾。情感上的需要比生理上的需要来得细致，它可能与人类的生理特性、经历、教育、宗教信仰都有关系。

前面提到，男性与女性的职责和分工自古以来就有所不同。在生理需求与安全需求得到满足后，接下来就是爱和归属感方面的需求了。于是，女人在采果编织等活动中，喜欢三三两两结伴而行，过程中聊天交流，就可以满足这方面的需求了。由于社会分工不同，男性和女性在爱和归属感方面的需求程度不一致，女性在情感方面的需求会比男性更细腻。

最后，这种现象可能与群体的性质和功能有关。从定义上看，“群体”指的是人们为了某个共同目的，以一定的方式聚集在一起，存在相互影响和相互作用，心理上有共同感及情感联系的人群。从“群体”的定义上看，我们可以发现，群体的成员心理上具有情感联系或依存关系，是群体的一大特性。而回到马斯洛需求理论当中，人们的第三层次需求是爱与归属感，女人在这方面的需求比男人更高，因此，女人较男人而言，会更倾向于与他人组建群体，也就是抱团，因为群体的特性满足了她们对于情感方面的需求。

所以，女人更喜欢抱团，这种从远古时代就出现的现象，是职责分工不同逐渐导致的，也是基于人们多种需求而出现的。当今网络上流行一个词语，叫作“抱团取暖”。这就非常有意思了，既然“抱团”可以“取暖”，女人这么怕冷的动物当然更愿意抱团了。

为什么我会变成一个滥好人？

一看到“滥好人”这个词，我首先想到了某部电视剧里面的角色——“便利贴女孩”。这部剧里的女主角之所以被大家贴上了“便利贴女孩”的标签，因为她总是不敢拒绝别人的请求，几乎有求必应，很多时候甚至要牺牲自己大量的时间和精力去帮助别人，久而久之，人们对于她的帮助也成了习惯，于是让她帮忙的人越来越多。这是一个典型的“滥好人”的形象。很多看过这部电视剧的人可能都有同感，似乎在自己身边就能找到这样的形象，甚至有些人自己就扮演着“滥好人”这个角色。那么，有没有想过，我们为什么会变成一个滥好人呢？

首先，我们先来了解“自我”的概念。所谓“自我”也被称为“自我意识”或“自我概念”，主要是指个体对于自己存在状态的认知，这是个体自我评价的结果。如何理解这里的“自我”呢？你是否可以感觉到自己与周围一切人的区别，这种感觉就是自我意识。像“便利贴女孩”这样的滥好人，她往往无法拒绝别人的请求，从根本上来说，她只有在别人的眼里才能找到存在感，也就是说，她可能把“自我”丢失了。

滥好人不是形成于一朝一夕的，造成这种现象有多个方面的原因：第一，自我界限不够明晰，这一类人通常把自我概念的范围向外扩张，将周围的很多人都划入了自我的范畴，简单一点来理解，就是在他眼里很多人都是“自己人”；第二，同理心泛滥，同理心的其中一个体现就是能够换位思考，感知他人的痛苦，滥好人往往同理心泛滥，他总是能够切身地感知他人的痛苦，这种痛苦就好像发生在自己身上一样，因而忍不住伸出援手；第三，是在前文讲过的自尊水平较低，这一类滥好人甚至会把别人的事情看得比自己的还重要，那是因为他需要通过外界对自己的肯定来满足自我认可；第四，大包大揽的自恋心理，人们在婴儿时期因为自己受到了看护人的高度关注，所以普遍会有一种自恋心态，认为大家的事情都与他有关，有一定程度的以自我为中心，而滥好人的形成则可能与这种自恋心理的蔓延有关。

做一个好人，是为人最基本的原则，做一个乐于助人的人，也是中华民族的传统美德。但是，做一个滥好人，不仅会丢失自我，还可能大量地耗费自己甚至身边人的时间和精力，长此以往，使得自己疲惫不堪的同时还助长了他人的依赖心理。那么，如何避免成为一个滥好人呢？

首先，请审视自己的内心。如此无限度帮助任何人这种行为，到底是为了什么？是为了得到别人的认可？那么，如果抛开这些认可，你是否拥有一个健康的自尊水平和自我意识呢？如果不是，建议先从明确自我范畴，管理自尊水平开始做起。要记住，你首先是你自己，而不是他人期待中的你。

其次，记住“授人以鱼不如授人以渔”的道理。别人有求于你的事情，你大可用“指导”的方式去帮助他，而不是全盘揽下，自己完成。这样一来，下一次遇到类似的事情，别人就可以放下对你的依赖，自己完成自己的事，而你也可以摆脱滥好人的负担了。

最后，学会拒绝他人。有些人是因为拒绝他人的时候羞于启齿，或是不懂得如何拒绝，所以才一直被迫扮演滥好人的角色。其实，拒绝他人是有很多技巧的。比如，你可以先用善意而坚定的态度表明你的歉意，这件事情自己可能无法帮忙；然后，你可以真诚地向他人说出你无法帮忙的理由，适当地表露出你的难处；最后，如果你仍无法开口拒绝，不如先从“不要着急答应”开始，试着给自己接下来的行为留一些缓冲的余地，比如使用“我需要看看有没有时间”“让我考虑一下”这样的话语等，去为接下来的拒绝留一个台阶。

“礼貌”的背后隐藏着哪些心理动机?

一直以来，讲文明、懂礼貌都是中华民族的传统美德。在人际交往的过程中，礼貌也是体现一个人素质修养的重要品质，一个谦虚有礼的人往往能让人感觉如沐春风。然而，任何事情都应该有个度，“礼貌”这件事儿也一样，适当的礼貌有助于人际关系的建立和推进，过分的礼貌则可能会让人感到不适。我们今天谈的“礼貌”，正是这个“度”以外的“礼貌”。这样的“礼貌”，背后到底隐藏着哪些心理动机呢?

首先，有一种“礼貌”是情感疏离的表现，这种情感疏离，在心理学上被称为“情绪无能”（emotionally unavailable）。在电视剧《欢乐颂》中，女主角安迪就是一个“情绪无能”的人，她待人一直温和有礼，即便面对最亲密的伴侣，她也依然保持一定的距离，很难和对方完全打开心扉。

心理学对“情绪无能”的解释是：在人际关系，特别是亲密关系中很少表达出自己的感受，对于需要相互交流的情感不感兴趣，总是呈现出疏离的态度。这种“礼貌”在夫妻、亲密伴侣之间较为常见，“情绪无能”的人在亲密关系中可以履行应尽的义务，可以满足对方的物质需求，但往往表现得过分“礼貌”，似乎无法打开自己的内心，无法与对方进行深入的思想交流。除此以外，“情绪无能”的表现可能有以下几种：一是对感情的推进感到恐惧或抵抗；二是在亲密关系中与他人保持距离；三是不轻易做出承诺；四是以自我为中心。

其次，有一种“礼貌”背后其实隐藏着一种自我防御机制（psychological defense mechanism）。美国心理学教授 J. 布莱克曼曾经在《心灵的面具：101 种心理防御》中提过：人们会向内心感到恐惧或感到危机的对象表现出过分礼貌的行为，或是在面对攻击时采取顺从的态度，这都是“被动”的自我防御手段。

在心理咨询中会出现这样的案例：孩子与父母之间因为种种原因，没有建立早期的依恋关系，在成长的过程中，孩子与父母之间的关系相互表现得过分礼貌，长此以往，孩子居然产生了抑郁症的倾向。由此可见，这样的“礼貌”，其实是一种隐藏在爱的名义下的软暴力，是一种无形的伤害。

上面提到的两类过分礼貌的情况，大多是表现在夫妻关系或亲子关系上的。出现这样的“礼貌”，心理学家剖析，归因大致有几类：第一类是儿时的不愉快记忆，人的潜伏记忆对一个人的成长有着深远的影响，不愉快的早期记忆对于我们成年后的人际交往有着一定的负面影响；第二类是过去的情感挫折，情感受挫的人，特别是屡屡受挫的人，往往很难重新打开自己的内心，他们在潜意识中想要保护自己，很难全身心投入另一段亲密关系中。

还有一种“礼貌”，是“社交恐惧症”（social anxiety disorder）的表现。有些人在亲密关系中可以表达出自己真正的感受，但是在亲密关系之外的人际交往中，却有“恐惧心理”。“社交恐惧症”是“恐惧症”的一种，它的主要表现是：过度害怕外界某种客观事物或情境，以极力回避或带着畏惧去忍受的态度来面对人际交往。

患有社交恐惧症的人可能会有过分礼貌的表现。社交恐惧症患者在人际交往过程中，内心会感到恐惧或危机，他们会倾向于认为，他人会因为礼貌的态度，而降低对他攻击、否定的可能性。因此，礼貌对于他们来说，是一种避免危机发生、减少被攻击可能的有效手段。因为礼貌，他人会减少对他们的批评指责；因为礼貌，他人会尽量克制对他们的不满意；因为礼貌，可以看似友好地与他人保持距离，可以淡化“社交恐惧症”人群因为陌生而产生的恐惧感。

过度礼貌是虚伪，过度礼貌是生疏，等等。这样的观点常见于教人处世的文章，如果你也是个“礼貌”的人，还是尽快调整心态合理掌握礼貌尺度吧，以免被人误解。

为什么有些人不喜欢被长辈表扬?

被表扬、被夸奖这种事儿，似乎本应是让人心情愉悦的。可是在现实生活中，我们有时候会看到，有些人在受到表扬，特别是被长辈表扬时，会表现出反感，流露出尴尬难堪的神色，有些甚至会直接拒绝这样的表扬。不喜欢被长辈表扬，是怎么一回事呢?

表扬大致可以划分为两类，一类是客套性表扬，例如许久不见的长辈见到你之后说“某某好像变得更漂亮了啊”“某某学习就是好，不像我们家那小兔崽子”“某某长大后肯定有大出息”。这一类听上去有点类似于我们日常生活中的寒暄，或是好听的客套话。不喜欢这一类表扬，是很好理解的，就好像一两句客套话可以拉近人与人之间的距离，可一旦这样的客套话说多了，听的人就会感到不舒服。

很多家长喜欢让孩子在长辈面前进行各种“表演”，简单的诸如背诵九九乘法表、背诵唐诗宋词，难一点的就唱歌跳舞之类的。在这种情况下，长辈们大多会对孩子发出客套性表扬，“这孩子真棒”“这孩子长大后可以去当舞蹈家了”“这孩子以后肯定是个数学家”……然而，长辈们虽然发出了这样的表扬，但是从他们的眼神、声调、口吻等非言语信息中，孩子已经感受到了大人的“言不由衷”。也就是说，长辈们的表扬不过是出于礼貌，这样的言语信息与非言语信息所造成的差异，会让孩子感觉到对方“虚假”，自然就会心里不舒服了。

此外，孩子心中可能已经形成了一定的自我评价——“我并没有那么棒，我也成不了什么舞蹈家、数学家”，于是面对长辈们发出的这一类过高的表扬，孩子的心里会产生“认知失调”。所谓“认知失调”（cognitive dissonance），是由美国社会心理学家利昂·费斯廷格提出的。费斯廷格认为，一般情况下，个体对于事物的态度以及态度和行为间是相互协调的，当出现不一致时，就会产生认知不和谐的状态，这就是认知失调。认知失调会让人心里紧张发怵，产生不舒服的感觉。

当孩子听到长辈们“过誉”的表扬时，可能会产生“认知失调”的现象，而为了调整这个心理状态，可能会使用“投射”法，也就是认为这些长辈都是虚情假意的，以此来平衡自己的心态，维护自我评价。

还有一类表扬，这里暂且称为真心性表扬，这是为了区别于上文的客套性表扬之说。顾名思义，真心性表扬，就是一个人出于自己的真心，由衷地去夸奖对方。这一类表扬，虽不会让人感觉虚假，但有时候也会让人觉得不舒服。

很多家长在孩子的成长过程中，都采用过错误的“打击式教育”，也就是无论孩子好与坏对与错，都喜欢批评打压他。这样错误的教育方式长期下去，会让孩子产生自卑心理，他们很可能会产生认知偏差，觉得自己怎么做都不对，怎么做都不够好。经历了被打击的童年，这一类孩子会内化父母的“自卑性投射”，呈现出自我评价较低的状态，认为自己不值得拥有别人的夸奖和表扬。那么，一旦受到长辈的表扬，哪怕对方是真心的，也依然会把这种自卑感投射到对方身上，误以为对方是在嘲笑自己，甚至认为对方的夸奖是隐藏着敌意的，因而产生反感的心理。

还有一种可能，就是这一类孩子的依恋类型属于“焦虑型依恋”。“焦虑型依恋”是“不安全依恋”类型的一种，这一依恋类型的人，既渴望依恋亲密对象，又害怕亲密对象会抛弃自己，处于一种极其矛盾的不安全心理状态。这主要与一个人儿时的经历有关，倘若一个人从小就能得到父母的爱和陪伴，他们的安全需求就会得到满足，能够形成健康的自尊水平，也会有合适的自我评价，形成“安全型依恋”。反之，一个人因为在儿时遭遇到种种伤害，导致“不安全依恋”，那么，对于他人的心理投射就可能是反面的。也就是说，他们渴望他人的好意，但又可能会怀疑和拒绝他人的好意，在面对别人的夸奖时，会误以为对方是有敌意的。

为什么有时我们更愿意向陌生人倾诉心声？

某电台有一档情感谈话类节目，主持人每晚都会接听很多听众的来电，这些听众朋友大多会向她倾诉自己的烦恼、困惑、情绪等。她很高兴这些听众朋友能够如此信任她，在倾听的同时，她也会站在他们的角度去考虑，给予安慰、建议或一定的解决方法。其实，除了向电台主持人倾诉，有些人会选择在网络社交平台上倾诉，通过发布问题的方式来得到网友的回答；有些人会向网络上的虚拟“树洞”倾吐心声；还有些人喜欢结交网友，向网友倾诉……然而，无论是电台主持，还是网友，都有一个共同点，就是“陌生人”。相对于亲人或朋友，为什么有时候我们更愿意向陌生人倾诉呢?

“倾诉”是人类生活中的一种必不可少的需求。从生理上看，“倾诉”可以让大脑产生让人感到快乐的生化反应。哈佛大学的研究者曾做过一个实验，通过大脑核磁共振的结果来分析人们各种行为对于大脑的刺激。其中发现，当人们在向别人倾诉自己的事情时，会刺激大脑中“激励区域”的神经，而这会让人产生一种非常愉悦的感觉。这就可以解释，为什么我们会被鼓励在不开心的时候要说出来，因为科学研究表明，倾诉是可以让人感觉愉悦的。

而从心理学上看，倾诉是一种“自我表露”的行为。所谓“自我表露”（self-disclosure），指的是以真诚的态度与他人分享自己想法与情感的过程。日常生活中，最常见的“自我表露”行为就是闺蜜之间的“夜话”了。

一般来说，“自我表露”具有三个方面的功能：一是可以建立更好的自我意识，因为在与他人分享自己想法或情感的过程中，对方给予的反馈会帮助我们更加清晰地认识自我；二是可以有效地解决问题，就如上文提到的电台主持，会给予听众朋友一些自己的意见和建议，我们把难以解决的问题向他人进行自我表露，也会得到他人一定程度的帮助，这就有助于解决难题；三是有助于亲密关系的建立，坦诚是拉近人与人之间距离的有效方法，以坦诚的态度进行自我表露，会让彼此的关系更亲近。

然而，为什么相对于亲近的人，我们更愿意向陌生人倾诉呢？

首先，这是“人格面具”在作祟。“人格面具”这一概念，是瑞士心理学家荣格提出的，他认为“人格面具是个人适应或他认为所采用的方式对付世界的体系。”简单一点理解，就是人们展示在他人面前的都不是最真实的自我，任何人在一定程度上都在“戴着面具”。

“戴面具”的原因主要来自两方面：一是出于自卑和防卫心理，自我总是不够完美的，而人们总是更倾向于隐藏自己的不完美；二是因为害怕真实会伤害别人，类似于“善意的谎言”，当你面对着另一半为你精心准备的礼物，即便内心真实的想法是“这礼物一点也不好”，你还是会“戴”上一个愉悦的“面具”，因为不想伤害对方的好意。

因为这一层“人格面具”，致使我们在亲近的人面前很难展示最真实的自我，更不可能进行自我表露了。人们常常表现出来的形象，更多的是别人眼中的自己，或别人期待中的自己。

其次，人们需要更多的安全感。根据马斯洛需求理论层次，人的基本需要包括：生理需求、安全需求、爱和归属的需求、尊重需求及自我价值实现需求。而第二层次的“安全需求”也就是我们平时经常说的安全感，它是人最基本的需求之一。人们在倾诉时，假如对象是亲近的人，倾诉会变成一个具有长效影响力的行为，于是潜意识中会感到危机。心理学家认为，这种危机包括：对方可能不感兴趣、对方可能会拒绝我的请求、秘密说不定会被泄露出去等。而向陌生人倾诉时，因为彼此不认识，日后的生活也不会发生交集，那么倾诉就成了当下短暂的行为，自然也不用担心危机的发生了。

为什么女人吵架时更爱翻旧账?

也许很多男性朋友都有这样的经历：女友在吵架的时候不能就事论事，总喜欢翻旧账。或许他一年前犯过的错说过的话，自己已经忘得一干二净了，可是事情在女友脑海里却根深蒂固，被不断提起。

俗话说“男女有别”。这句话或许是对男性女性在生理结构上不一致的区分，又或许是旧社会反映男女不平等的写照，但不仅是这样，在“喜欢翻旧账”这事上，确实也存在“男女有别”的现象。生活经验告诉我们，男性和女性在感知外界信息的敏感度、处理事情的行为方式及情绪反应上有着很大区别。这种区别，就好比“男人来自火星，女人来自金星”。那么，究竟是什么原因导致这两个“星球”的不一样呢?

首先，是男女生理上的区别。从大脑结构说起，我们知道，人类的大脑皮层，也就是大脑最外层的那一层灰质，它布满皱褶，外形如核桃仁一样。灰质的功能，是对外界的信息进行感知，并对它们做出进一步的加工。大脑的内部是白质，它主要由神经纤维聚合而成，主要功能是传递大脑指令。脑科学研究发现，男女大脑的区别就在于，男性大脑中的白质要比女性的高，因为白质的功能在于传递指令，我们在生活中常常感觉男性的方向感大多比女性的好，这也是因为更多的白质决定了男性在空间认知上更具有优势。反过来，女性大脑中的灰质要比男性的多，因而女性在信息感知方面更为敏锐，在情绪反应上也更为敏感，女性的语言加工处理能力比男性好，等等。

除了女性大脑中灰质更多的原因以外，还有一个原因，就是女性具有比男性更大的“情绪脑”。研究发现，女性的大脑结构中，有更大的眶额叶皮层。而眶额叶皮层是人类大脑中处理情感方面的主要区域，它与我们对情绪的感受，对情感的感知和表达上有着密切的关系。因此，大脑结构的不一致，会导致女性在生活中，较于男性更“情绪化”，吵起架来也是更为激动难忍。

另外，这也与男女的荷尔蒙水平有关。有关研究指出，女性从青春期到更年期，荷尔蒙水平的波动要明显大于男性，而荷尔蒙水平是影响男女情绪的其中一个因素。也就是说，除了大脑结构和大脑功能以外，还有荷尔蒙这一生理因素，导致女性情绪更敏感波动。

其次，在情绪记忆的能力方面，女性要比男性强得多。所谓“情绪记忆”（emotional memory），指的是人对曾经体验过的情绪和情感的记忆。心理学家在大量的研究中发现，女性在分辨人的表情、语调语速、行为举止等非语言信息的能力要显著高于男性。此外，女性对于生活细节上的观察和识别能力也是较高的。无论是快乐还是不快乐的事情，女性对于它的感知是即时和迅速的，对于它的记忆是悠久而长远的。

在这一点上，男性的表现截然不同。男性对事情的反应相对来说是比较慢的，对情绪的感知也是比较迟钝的，男性擅长于从回忆中体会情绪，但是在事情发生的那一刻，是感受不了情绪的。

因此，从男女对于情绪的感知和记忆上，我们不难看出男女在吵架时的规律，也就是女性的情绪反应总是比较快的，而且会在事后因为情绪记忆的深刻，一而再地翻旧账，反复折磨自己和伴侣。

看到这里，无论男女，或许都可以初步理解为什么女性在吵架时更喜欢翻旧账了。如果你是男性，就请多体谅女人的这个行为，因为有其生理和心理上的原因；而如果你恰巧是女性，则要试着通过有意识地克制，去反复练习培养积极的情绪记忆，尽量减少翻旧账的事情发生，因为男人基本上不会理解你的情绪，所以还是心平气和地好好沟通吧。

Chapter 4

×

从恋到爱的恋爱心理学

为什么约会时男友喜欢坐左边?

如果你是个有心人，又恰好正处于恋爱关系里，那么你可以试着观察一下，你的男友在约会的过程中，如果遇上像回旋寿司或是电影院这种并排坐的场合，是不是更喜欢坐在你左边呢?虽说这不是一个必然事件，但曾有过调查显示，在恋爱中确实普遍存在这么一个小细节。那么，为什么男友更喜欢左边的位置呢?断不能是“男左女右”的关系吧?

其实，是因为左脸更接近于人的真实内心。

美国心理学家利奥波德·贝拉克博士在心理学著作《解读面孔》中，提出了一套解读人类面孔的方法——划区解读法。贝拉克博士花了近30年的时间，从心理学、行为科学和解剖学的角度去研究和分析了人的心理、行为和经历等因素如何影响人的面部表情，而使用划区解读法，可以通过解读面孔各个区域迹象的方法，以达到观察人内心的目的。当你面对一张完整的面孔时，可以在脑海中凭借想象力将其划分为四个区域来解读。

简单来说，人的面部特征的形成，是做出面部表情时肌肉对皮肤的提拉和对骨骼的影响决定的。所以，从人的面孔中，就可以看出一个人长久以来的情绪状态，例如情绪积极乐观、情绪冲动多疑、悲观厌世等。这些情绪所造成的面部表情会让面孔上的肌肉凝固，以帮助人们去认识一个人的真实内心。

贝拉克博士在研究中发现，人类面孔的左边脸和右边脸分别反映着不一样的信息。大多数面孔的右半部分，更多呈现出愉悦、敏感或坦率的表情，而左半部分则更多反映一个人存在的冷漠、严厉或忧郁方面的气质。而面孔的左半部分更接近人真实内心的反映。这也就意味着，当你只看到一个人的右半边脸，看到的都是愉快的信息时，这个人的内心不一定是积极愉快的；而当你看到一个人的左边脸是活泼的，右边脸是冷漠的时候，则可能的情况是，这个人原本是活泼快乐的性格，只是后来生活的经历让他逐渐变得冷漠。

贝拉克博士曾以划区解读法来解读达·芬奇的作品《蒙娜丽莎的微笑》。首先，尽可能准确地在蒙娜丽莎两眼中间用垂直线把面孔的左右部分划分开；其次，先遮挡住面孔的左边，仔细观察。他发现，蒙娜丽莎的右眼比左眼略小，右边嘴部是紧绷的，让人看到的是一种难以捉摸的表情，带着细微嘲讽的意味。接着，再挡住蒙娜丽莎面孔的右半部分，贝拉克发现，她的左眼带着略显忧郁的微笑，嘴部的左半部分是柔和的线条。最后，再分别遮挡住面孔的上半部分和下半部分，可以看出，蒙娜丽莎凝视神态较强，下巴丰厚，面孔圆润，体现出对异性的魅惑力。因此，贝拉克博士认为，蒙娜丽莎并非世人普遍认为的只是一个纯洁温和的女士形象，而是一个谨慎的、具有两性情欲的形象。

脑科学研究表明，人类大脑的左半球更多支配着身体的右半部分，而右半球则更多支配着身体的左半部分。而人的左脑功能更多地集中于逻辑思考，诸如处理数字、组织语言等，而人的右脑功能则更多承担着像直觉、创造力的功能，且联系着内在的情感和直觉，是产生潜意识的区域。由此也可以为贝拉克博士的发现提供更有利的科学依据：人类右脑主宰着人类面孔的左半部分，右脑中酝酿着的内在情绪则更多地体现在左半边脸。

也就是说，喜欢坐在左边位置的男友，很可能是想让你看到右边脸，因为右边脸不容易暴露出自己真实的内心。了解了这个“小秘密”的女性朋友，不妨在以后约会的时候，多找机会坐在男友的左边，去观察他左边脸的表情，或许你会有更多发现喔。

关系成瘾，是爱还是习惯?

曾经在网络上看过一个心理咨询个案，前去进行咨询的女士多年的压力来自她的丈夫，她称自己的丈夫有酗酒和家暴的倾向，但是她无法离开他，并且总是忍不住去满足丈夫的任何需求。过程中，她有一句话让医生感到很痛心："我不能离开他，因为我怕离开了他以后，他会去让其他的女人受害。"这句话听上去很荒唐，这样的爱也让人感觉不到任何美好，到底算是一种什么样的感情呢?

在心理学上，这种现象被称为"关系成瘾"（codependency）。1986 年，美国心理学家梅洛迪 · 贝蒂（Melody Beattie）提出了"关系成瘾"这个词，它最初是用来描述让人无法割舍放弃的、扭曲的亲密关系，例如上文所提的例子，身边有酒瘾或暴力行为的亲密关系对象，一直被伤害却不忍心放弃，并且会愿意满足对方所有要求的一种现象。而爱因斯坦医学院斯科特 · 韦茨勒心理学博士对"关系成瘾"也作了解释，他认为："关系成瘾"是一种不健康的依赖，患者无法自由自主，希望通过别人对自己的依赖来获得心理满足，最后导致双方都更依赖彼此。

“关系成瘾”又被称为“共同依赖症”，顾名思义，就是依赖于他人对自己的依赖。听上去有点绕，其实很好理解，就是这一类人希望通过自己的付出，让别人能依赖自己，而他人依赖自己会满足自己的需求，确立自己的存在感和人生价值。

那么，“关系成瘾”是如何形成的呢？其实，与人的童年经历有关。弗洛伊德曾经说过：“一个人的心理成长会受到童年成长经历直接或间接的影响。”相关研究指出，童年至青少年阶段受过父母情感上的忽略或虐待者更容易产生“关系成瘾”。加州理工大学心理学教授尚恩博士指出：“孩子被教导要压抑自身需求以取悦父母，长期处于极度渴望爱的生活模式。”韦茨勒博士也曾表示：“这类孩子的童年反复上演着发展偏差的模式。”

在人的早期，认知是获得性的，也就是说，别人怎么对他，他就怎么去认知自己。如果在童年没有获得父母或看护人的关心和照料，那么他就无法正确评价自我价值，很可能会造成自尊水平低。无法认可自己的人，容易导致“共同依赖”，表现出来的行为是：对他人的控制欲过强，期望值过高。

这就很好地解释了我们在生活中见过的怪现象，比如：有些人生长在一个酗酒的家庭，她痛恨酗酒的行为，但以后配偶很可能还是一个酒鬼；有些人儿时曾经饱受家暴的负面影响，但长大后，自己的配偶依然有家暴的倾向。正是因为早期创伤让她产生了对他人过强的控制欲，即便心底里讨厌极了某种不良行为，却依然拥有一颗“圣母心”想要去拯救对方。

“关系成瘾”有哪些表现呢？研究发现，以下两条症状可能是“关系成瘾”的日常表现：尽管清楚自己的伴侣有不良行为，却依旧没有做出改变；愿意为伴侣做出思想意志、情感甚至身体健康方面的牺牲，去满足他合理或不合理的需求。而这些症状会造成的负面影响是：失去自己的个性、不顾自我去满足对方需求。这会导致身体和精神上的严重损耗，并且忽略其他重要关系。

那么，如何改善这种“关系成瘾”呢？很多人首先想到的，可能是分手。但心理学家密斯荻·胡克博士指出，分手不一定是最好的解决方式，想要改变“关系成瘾”症状，首先要明白幸福是从个人需求出发的，即便是处于亲密关系中，也应了解自己内心的真实需求，设定一定的界限。

一段健康的亲密关系，是以“满足彼此需求”为目标的。此外，建立自己的朋友圈，培养自己的兴趣爱好，建立对另一项新事物的健康依赖关系，也是行之有效的方法。也就是说，“关系成瘾”症状是可以自我修复的，关键是要读懂自己内心的需求，勇于面对自己的内心，在亲密关系中划好对方和自己的界限，让彼此的关系向健康的方向发展。

为什么女追男不一定“隔层纱”？

有这样一句老话：“男追女隔层山，女追男隔层纱”，意思就是，在两性关系中，往往男生主动追求女生，想让女生接受是比较困难的，好比翻山越岭；但是如果换成女生主动追求男生，那则会容易得多，仿佛只需要掀开一层薄薄的纱。中国最经典的爱情故事中，不乏“女追男”的例子，例如白蛇追许仙，祝英台追梁山伯，七仙女追董永……在我们的现实生活中，同样也有不少“女追男”的实例。那么，“女追男”真的只是隔层纱吗?

从心理学的角度上来看，“女追男”成功概率高，很可能是因为满足了男性的虚荣心。所谓“虚荣心”（vanity），指的是人们为了引起更高的关注度，或获得某种荣誉而表现出来的心理状态，是自尊心的过度表现。一般来说，虚荣心表现在行为上，主要为过分看重别人对自己的看法和评价，有较强的嫉妒心和攀比心等；表现在心理上，则是欠缺独立性，有比较强的依赖性。在两性关系上，男性的虚荣心则可能表现为：希望获得更多女性的青睐与爱慕，获得更多的认可，从而提高自我评价度。

在现实中，因为“男追女”的现象更为常见，很多人就会把“女追男”这一行为称作“倒追”。因此，如果被女生“倒追”，这个被“倒追”的对象就会感觉自己比其他男性更具吸引力，有更高的关注度，从而很好地满足了虚荣心。那么，接下来可能很快就会接受这个女生的求爱了。

当然，很多人也会反驳这句话，因为“女追男”失败的例子在现实生活中也是不少的。不少男生不喜欢被动被女生追求，只喜欢主动出击去追求自己喜欢的女生。这又是为什么呢?

首先，因为人具有“心理防御机制”。所谓“心理防御机制”是指人在面临紧张的氛围或遇到危机时，内心所萌生的自觉或不自觉地想要摆脱困境、缓解压力，恢复平衡或稳定的一种心理倾向。

进化心理学认为，男性的“心理防御机制”源自远古时代男性的职责分工。在原始时期，男性主要负责狩猎，而在狩猎的过程中，很可能会遇到各种各样的危机，除了突然袭击的猛兽外，还隐藏着假死的动物、有剧毒的植物等威胁。因此，他们十分抗拒这一类可以轻易得到的东西。这种长期以来形成的防御心理，发展到了今天，即便男性已不再需要狩猎，但这种害怕唾手可得之物的心理就如基因一般“根深蒂固”。因此，男生在面对“倒追”的女生时，出于心底的防御机制，可能就会产生抵触心理，反而不愿意去轻易接受她。

然后，男生更倾向于主动求爱，也因为这一举动更能满足男性的征服心理。男性的征服心理也源自于原始时期的狩猎行为，长期的职责分工致使男性更希望向外开拓，积极进攻，去争取自己想要的猎物。因此，渐渐地，男性呈现出了勇猛、强悍、喜欢竞争的角色形象。在两性关系上，“男追女”更符合这一心理。

其实，不管是“男追女”还是“女追男”，谁踏出第一步并不那么重要，关键还是要彼此两情相悦。毕竟，幸福是不能勉强的。虽说“女追男隔层纱”，但女性在展开求爱攻势时，应该在一开始就给自己设置底线，不能无底线地一直受挫，很多时候人不是执着于爱情，而是执着于自己内心的不甘。另外，也不应在情感上做过多的付出，不能被爱情冲昏头脑去做不理智的事情，保持自身的独立性，往往会让女性更具魅力。

爱的 SVR 理论，怎样顺利度过暧昧期？

有人说，暧昧期是爱情最美的时期。这个阶段中的男女，还没有向对方表白，却用各种各样的方式向对方示好，朦胧且美好。然而，即使暧昧期再美好，可如果无法顺利度过，恋爱依然就无法推进，更别说最后的修正成果了。

那么，已经坠入爱河的男女，特别是感情丰富的女孩，该如何顺利度过暧昧期呢?

美国心理学家莫斯特因提出了一个恋爱心理学理论——SVR 理论，用于描述和解释人们在恋爱过程中的心理变化。SVR 理论认为，两性进入恋爱关系的过程会经历三个阶段，分别是：刺激阶段（S 阶段）、价值阶段（V 阶段）以及角色阶段（R 阶段）。而这三个阶段又分别对应三个时期，也就是：相识期（彼此因为外貌、行为、性格等方面互相吸引）、追求期（彼此展现价值，让对方有了向其展开追求的冲动）以及暧昧期。

女孩在与心仪的男孩最初相识的时候，往往会表现得非常紧张，心里有如小鹿乱撞，心情也是错综复杂，生怕自己稍微做得不好，就会错过了“男神”。然而，越是这个时候越要沉得住气，毕竟双方只是刚刚认识而已。

在相识期，女孩要注意以下几点：一是不要被动，但也不要过于主动，尽量与对方保持同频的节奏；二是哪怕内心已经小鹿乱撞，也要表现出淡定冷静的态度，不要过分热情；三是维持原来的生活状态和原先的生活方式，把自己经营得更美好。

比如，相识期中的男女常常会互相发消息，那么女孩在收到男孩的消息后，不要过于高冷不回复对方，也不要过于热情大段大段地回复，可以稍微等待个几分钟再予以回复，把握双方聊天的节奏，维护自己在对方心目中的良好形象。

相识期过后，紧接着就是追求期了。我们都知道，在远古时代，男性负责狩猎和保卫家庭，现代的男性尽管已经不需要狩猎了，然而在很多时候“狩猎”的思想依然根深蒂固地保留在男性的脑海中，因此在两性关系里，通常都是“男追女”的模式。当然，随着女性思想的逐步解放，如今女性反被动为主动的“女追男”模式也越来越常见了，不过更多的女性仍习惯被追求。

如果此时女孩处于一个被追求的角色，那么不妨把追求期的战线拉得长一点。俗话说得好，越难得到的东西才会倍加珍惜。女孩在追求期只需要做好两件事情：一是对于他的追求行为给出一定的回应，表露出自己对他的兴趣，但是不要提出过多的需求；二是继续做自己的事，不断地进行自我提升。

同时，在追求期中，女孩可以对男孩进行一个初步的“考察”，包括对方的性格、行为、生活状态、处事方式等，看对方是否符合自己的需求，有没有自己无法接受的地方。当然，最重要的一点就是，确认对方是否真心对自己好。

追求期如果顺利地推进，双方就会进入那个朦胧美好的暧昧期了。网上有句话叫“友达以上，恋人未满”，用它来形容暧昧期的状态，再合适不过了。要说彼此是恋人，可能尚未确定关系，要说只是朋友，可又比朋友多了一份情愫。

进入暧昧期后，可以稍微多表达一点对对方的关心了。例如，当对方加班至深夜，可以主动发信息，温柔地叮嘱“多注意休息”，让对方感受到你的温暖；一起吃饭的时候，用心留意对方爱吃和不爱吃的菜，在点菜的时候提一嘴，给他一份小惊喜，等等。

值得注意的是，尽管双方已经进入了暧昧期，但也不能完全放松，还是得沉得住气，把更多的心思花到自己身上来。经营自我，提升自我，是爱情中不可松懈的“主旋律”，因为只有更好的你，才能吸引到更好的伴侣。

如何才能遇见对的那个人？

很多人在亲密关系中，会特别执着于所谓“对的人”，常常有类似这样的想法：等到“对的人”出现，那么我就会拥有一段幸福的感情；我和现在的伴侣存在价值观、性格上的冲突，那是因为对方不是那个“对的人”；我现在单身，那是因为还没有遇到那个“对的人”……那么，在茫茫人海当中，是不是真的存在那个“对的人”呢？

如果，在你的心目中，所谓“对的人”是一个满足你对感情所有幻想和期待、与你完美契合、能够拯救你生活的人，那么，这个“对的人”可能是不存在的。首先，“完美契合”是不存在的，这是因为，两个人可能在价值观上大致相似，但是由于彼此的家庭背景、教育背景、成长经历等因素的不同，在很多具体事件上必然有着不尽相同的看法或做法。其次，没有一个人的出现能够拯救另一个人的人生或爱情，如果有，那只能是我们自己。心理学家哈密顿（Hamilton）指出：“每一个成熟的个体都应该为自己的人生负责。”因此，期待出现一个“对的人”，来给予自己完美的爱情或人生，是对自己不负责的表现。

那么，既然不存在那个所谓“对的人”，是否就意味着，与任何人发展亲密关系都一样呢？当然不是。著名精神分析师多纳德·威尼柯特（Donald Winnicott）提出了一个“足够好”的概念，这个概念首先源自其“足够好的母亲”的论述，他认为：一个足够好的母亲，可能无法满足孩子的所有需求，但可以为其提供安全的成长环境、必要的情感联结等生存的必需品。

而在两性亲密关系中，一个“足够好的人”，可以理解为：他／她并非刻意满足我们的所有需求，但可以满足彼此在关系中必不可少的需求。这听上去虽然不是那么浪漫，也有一点点“退而求其次”的感觉，但这样的“退而求其次”，如果经过双方的认真经营，说不定就可以发展为一段让人满意的亲密关系。

诚然，爱情是需要经营的。心理学研究者丹顿（Dainton）和艾伦（Aylon）认为，彼此的沟通和生活中的相处磨合，是经营爱情的重要一环，而以下几个积极的做法可以帮助我们更好地经营爱情：

更多地给予对方肯定。肯定，不仅是指对于对方所取得的成就给予肯定，还应包括对对方的感受或者情绪给予肯定。例如，当对方向你倾诉内心的不愉快感受时，应站在对方立场去感受对方的感受，对于这种感受给予接纳和安慰。不仅如此，对于对方的肯定，还包括对方在关系中的付出，用言语或行动告诉对方“我感受到了你对我的重要性”等。

彼此坦诚。坦诚是促进彼此间亲密感的重要途径，可以与对方分享自己过去或内心中的秘密，过去愉快或痛苦的经历，以及如今在彼此关系中的感受和体验等。

积极看待彼此的关系。积极，是一种生活态度和情绪习惯。如果在日常的相处中常处于消极的状态，这种状态不仅会传染给对方，而且会对你们的关系产生负面影响。相反，如果可以表现出积极的态度和行为，很多时候，即便是普通平凡的日子也会因此显得趣味盎然。

共享彼此的社交。在亲密关系中，还可以让对方走进自己的社交圈子，把自己的家人和朋友分享给对方是一种积极的情感策略。然而，在这里需要强调的是，这并不是要求恋爱中的双方完全失去私人空间。

共担生活中的责任。在日常生活中，与对方共同分担生活中的责任，包括经济、家务等，也就是常说的分工合作，是增进彼此信任度，促进双方亲密感的良好方式。

距离效应，把异地恋谈出 freestyle？

很多人都说，异地恋不靠谱，因为它很难开花结果，大多数的异地恋走到了最后，都是以分手告终。在网络上曾经看过一个段子，是这么说的：谈一场异地恋，就好比在看一部偶像剧，明知道男女主角的结果，却还是逼着自己看下去。

那么，是不是真如大家所言，异地恋只有分手这样一个结局呢？

其实，也不一定。在德国，曾有心理学家做过这方面的调查，调查结果显示：从彼此关系的亲密度、满意度、信任度等多个维度综合来看，人们在近距离恋爱与异地恋爱中的心理感受并没有本质上的区别。

因此，如果你正在计划展开一段异地恋，或是正好处于一段异地恋中，先不要太悲观失望，毕竟，还有“距离效应”在“帮助”你。所谓“距离效应”（distance effect），指的是人们因为时间、空间等存在距离，而对人或事物的认识产生差异，这里的“认识”一般是指对于好的方面的认识。通俗一点理解，就是常说的“距离产生美”。

心理学家曾经做过一个实验：在一个很大的图书阅览室中，稀稀疏疏坐着不少独自阅读的读者，有女性有男性，实验者走进去，拿起凳子紧挨着坐在这些读者的身边，这个实验进行了 80 人次。实验结果表明：只有两个被试者可以接受彼此紧挨的距离，其他的被试者在不知道这是实验的情况下，或者是默不作声地换了位置，或者干脆厉声呵斥实验者。

这个实验，就很好地说明了：人与人之间需要有合适的距离，不管是陌生人之间，还是同事、同学、朋友甚至是恋人或者夫妻之间，适当的距离会让彼此因为“距离效应”看到对方更多的好的一面，而模糊了对方的缺点，反而会更加拉近彼此的“距离”。

当然了，在“距离效应”的基础上，异地恋的情侣双方还要提升恋爱技巧，才能让这段远距离的恋爱更温暖贴心。

技巧一：利用网络和手机，实时分享彼此的生活。

近距离恋爱的情侣，可以经常在一起吃饭、看电影、压马路，随时随地和对方共享时光。但是异地恋的情侣，因为实际距离的存在，无法像近距离恋爱一样真正出现在对方身边，与对方甜蜜地相伴。但由于如今网络已非常发达，情侣们可以利用网络和手机谈一场别样的恋爱。例如，俩人虽在不同的城市，但可以去一家相同的连锁餐厅，各自点上一份餐食，打开手机视频，一边聊天一边分享美食带来的幸福感；又或者是，在微信上用其自带的“剪刀石头布”功能，俩人甜甜地玩上一场真心话大冒险。

技巧二：利用外卖平台，送去你的一份爱。

很多人会觉得，异地恋最大的问题就是：“当我需要你的时候，你却不在我身边。”然而，现在各大线上外卖平台如雨后春笋般出现，异地恋的情侣们不妨好好利用。例如，在对方生病的时候，虽无法在身边陪伴，但可以贴心地通过外卖平台上为他 / 她送去一份暖暖的粥；又或者是，在对方加班至深夜的时候，为对方点上一份夜宵，让对方享受美食的同时也感受到你的爱和关心。

技巧三：提升自我，共同成长，促进彼此的沟通。

很多人明白，异地恋最重要的在于沟通。但是在沟通的过程中，有不少人发现共同话题会变得越来越少。其实，话题来源于生活，让生活变得更加丰富，让自己变得更加有趣，就是创造话题最根本的方法。

学会依赖伴侣是一种更高级的能力

在现代社会中，独立，特别是女性的独立越来越被肯定和推崇。不少人认为，不管是在物质层面还是在精神层面上，能够做到“自给自足”的女性才是更强大的。而与“独立”相对应的“依赖”则越来越被认为是“软弱”的一种体现。那么，在亲密关系中，我们是否就不应该依赖对方了呢?

美国心理学家罗伯特·F. 伯恩斯坦和玛丽·A. 朗古兰德在著作《关系：适度依赖让我们走得更近》一书中认为，在一定程度上，学会适度地依赖他人，以及允许他人依赖自己，是一段健康的亲密关系中所不可或缺的。

伯恩斯坦和朗古兰德认为，在“独立”和“依赖”这两个相互矛盾的状态下，有三种关系类型，分别是适度依赖、过度依赖和障碍性疏离。所谓适度依赖，指的是在依赖他人的同时仍保持清晰的自我意识，在需要时可以提出自己的要求，寻求对方的帮助，而且不会感到内疚或自责。在依恋类型上，适度依赖属于安全型依恋，他们可以愉快地独处，也愿意信任和依赖他人，并不会从“是否依赖他人”的角度来定义自己的价值。

所谓“过度依赖”，指的是完全依附于他人，致力于和他人保持联系，即便在受到轻视、忽略或伤害时依然不放弃依赖。一般来说，过度依赖有四种具体的表现，分别是自我否定、害怕被抛弃、以对方为中心及自我分离。在依恋类型上，过度依赖属于焦虑型依恋，这类人的安全感来源于他人的陪伴和安慰，自我意识不强，容易产生分离焦虑，试图把“自我”建立在他人身上。

而所谓“障碍性疏离”，指的是一种过分独立的状态，认为任何事情都必须是自己承受或承担的，拒绝他人的亲近和帮助，这类人给人的感觉是“拒人于千里之外”的。在依恋类型中，障碍性疏离属于回避型依恋，具体的表现有，缺乏对于他人的信心、拒绝亲近与亲密、采取防御性行为、与他人隔绝等。

1992 年，伯恩斯坦和朗古兰德在美国进行了一个调查，该调查涉及数百个样本，结果显示：约有 30% 的人在关系和生活中表现出“过度依赖”，超过 25% 的人表现出“障碍性分离”的特征。然而，那些对生活满意度最高、适应性最强、感受最幸福快乐的人，是表现出“适度依赖”的人；而“过度依赖”和“障碍性疏离”的人更容易罹患心脏病、癌症、抑郁等，离婚率也相对更高。

因此，在亲密关系中，相对于过分独立，学会适度地依赖对方，其实是促进双方感情和经营健康关系的有效方式。那么，如何适度地依赖对方呢?

许多年轻人，特别是年轻女性，为了显示出自己“独立”的价值，会宣称“安全感是自己给自己的”这种观念。这里不评价各种观念的对与错，只阐述一个事实，适度示弱可能更有助于情侣拉近距离，打破彼此之间疏离的屏障，培养更高的信任度和亲密感。不过需要解释的是，这种示弱并不是让大家故意装柔弱，而是学会将平常隐藏起来的脆弱展示在对方面前，这将会有效激起对方保护你照顾你的欲望。

尝试完成需要协作的事情，也有助于建立健康的亲密关系。适度依赖不是过度依赖，并非一味地依赖对方而失去了自我，更多的是体现在共同协作上。也就是说，在生活中，不要过度地去区分“你”“我”，而是把关注点聚焦在“我们”上。如果无法一下子摆脱“独立”的状态，不妨先从共同协作去完成一些事情开始，例如一起合作做一顿饭，一起合作完成一次大扫除，一起拼装家具等。从这些共同协作的事情中，去感受彼此的需要，享受“我们”这样的融洽氛围。

Chapter 5

×

“不正常人类”研究中心

多重人格，肉体能装下几个“灵魂”？

说到“多重人格”，很多人都会想起长篇小说《24 个比利》。在这部作品中，主人公比利是一个多重人格分裂者，他的多重人格达 24 个之多，体内的人格可以互相交谈，互相控制各自的行为举止，所有人格都住在同一个地方，谁走到聚光灯底下，谁就在那一刻控制比利身体的人格，但这些人格互相都不知道各自做了什么。

这是一个听上去非常荒诞的故事，但作品却是由真实故事改编的，“多重人格”真真切切地发生在了“比利”身上。

“多重人格”属于心理疾病的一种，它指的是一个人同时具有多个人格，就好比“同一具肉体装下了好几个灵魂”。1994 年，美国精神疾病诊断标准（DSM-IV）中将“多重人格”称为“分离性身份识别障碍”（dissociative identity disorder），并以此作为该病症的国际统一正式名称。

《24 个比利》中的主人公具有 24 种人格，而研究显示多重人格患者平均拥有 13 个左右的人格，但是心理学家克鲁夫（Kluft）指出，实际上在多重人格案例中出现频率最高的人格数是 3 个。

那么，多重人格在同一个人身上有哪些表现呢？首先，患者所拥有的多个人格被称为“交替人格”，顾名思义，交替人格会交替掌控患者的身体、意识和行为，可能拥有不同的性别、年龄、种族甚至是性取向，还可能拥有不同的口音、笔迹等。在这些交替人格中，患者最初形成的人格称为“原始人格”，而掌控躯体时间最长的被称为“主管人格”，原始人格不一定是主管人格。在很多多重人格的案例中，主管人格都不知道其他交替人格的存在，交替人格对彼此存在的了解程度会更高，这些人格之间有着错综复杂的关系，形成了一个“人格系统”。

多重人格是如何形成的呢？目前来说，其具体成因仍存在很大的争议，并没有特别明确的生物学病因。它与家庭内部遗传无关，但是与早期生活的创伤有一定关系。克鲁夫在《分离障碍手册》中通过结合其他人对于多重人格的研究，发现在所有的研究案例中，有 90% 左右的多重人格患者有过童年创伤，遭受过身体虐待或是性虐待，创伤经历通常发生在 9 岁之前。

克鲁夫在描述多重人格患者最初产生交替人格的过程时是这样说

的，一些有过童年创伤经历的人，在面对难以承受的痛苦时，自我防御系统会将自己记忆的内容进行分化，在内部因素和外部因素的共同影响下，塑造出一个全新的人格，让它从其他角度去承担痛苦的经历，从而减轻自己的痛苦。

多重人格患者的生活是怎么样的？大量案例显示，一个多重人格患者在生活中常常会有失忆般的体验，他 / 她从一个人格中醒来才会发现另一个人格做过的事，可他 / 她根本不知道自己具体做了什么。因此，多重人格患者常有困惑感和失落感。

目前，在对于多重人格患者的治疗中，一般包括三个阶段：稳定—创伤应对—融合。整个治疗过程需要漫长的时间，而且没有绝对的把握可以被治愈，因为几乎没有情况一模一样的多重人格患者，而且每个人对于痊愈的理解也不尽相同。而在药物治疗方面，并没有针对多重人格的药物，目前只能使用一些其他药物来缓解症状，例如治疗抑郁或焦虑的药物。

曾有人提出，是否可以找到控制其他交替人格的方法，去达到一个“和谐”的状态。多重人格患者希望他们体内的交替人格可以帮助他们减轻早期创伤所带来的痛苦，希望可以找到一个方法让所有交替人格互相配合，和谐共处。理论上来说，这是可行的办法。然而，对于另一些人来说，还是希望只拥有一个健康的人格，毕竟这才像一个“正常人”。

如今我们知道，多重人格障碍是一种比较特殊的、较难治愈的精神障碍。但是，总的来说，它只是精神障碍中的一种。目前对于精神障碍的治疗，更多的是采用控制的手段。也就是说，将精神障碍很好地控制，将其对患者生活的影响降到最低。

快乐的诱惑，欺负他人会带来快感？

前些天，在微博上无意中看到一名小学老师吐槽，她说班里有几个小男生特别爱欺负人，这头把女同学的辫子扯掉，那头又把她的书包拿去灌水，看到人家女同学被欺负哭了，他们居然在一旁哈哈大笑，并且还在预谋下一场恶作剧。这些淘气包，真是让老师头都大了。

相信每个人对这类恶作剧都有或多或少的印象，只要我们对孩童时期还有印象，就一定不会忘记自己身边也有类似这样的捣蛋鬼。他们爱捉弄人，爱欺负人，并且欺负了别人之后还会哈哈大笑，得到一种快感。而这种快感，又可能会导致他们继续去欺负他人。整个恶性循环的过程，有点类似于吸食毒品后的上瘾。

有人以为，只有孩童才会整出这些恶作剧，因为他们年龄太小，不懂得分辨是非黑白，不能理解什么事可以做，什么事不能做，于是在整出这些恶作剧时，看到别人痛苦，心里反而会产生一种扭曲的快感。

然而，这样的恶作剧如果没有得到正确引导，慢慢发展至成年的话，很可能会导致反社会行为。何为“反社会行为”呢？它指的是一种不顾他人感受，可能会对社会造成不良影响的行为，包括一些违反社会公德、违反法律法规或犯罪的行为，例如偷盗、抢劫、性骚扰，甚至是杀害他人的行为。

媒体上曾经报道，有杀人犯在描述自己的杀人动机时，称杀人能获得一种心理上的满足，简直骇人听闻。追溯到这类罪犯的童年或少年时期，很多人都曾有过不止一次欺负他人的行为，可因为当时没有得到正确的引导，欺负他人这个看似很小的问题慢慢演变，最终导致心理扭曲，并愈发恶化。

上文提到的老师，曾问过其中一个爱欺负人的孩子，欺负他人时到底是怎样的感受。孩子虽年幼，但也能大概表达出来。他说，欺负比自己弱小的人，看到他人痛苦，好像证明了自己很强大很厉害，从而会感到开心，而出于这种畸形的快感，他们会继续欺负人。这就说明，人们对快感是有依赖性的，好比吸食毒品上瘾了，就会继续吸食以获得更多快感，进而嗜癖成性。

与此相类似的，在我们的生活中，还有部分家庭中，暴力与虐待行为的屡屡发生，也是这种异常心理造成的。所谓“打在儿身，痛在母心”，正常来说，为人父母不到不得已的地步，都不愿意打自己的孩子，毕竟那可是他们身上掉下来的肉啊。可是，家庭暴力案件在近些年还是时有发生，而受虐对象多是妇女和儿童。

正如上面所说的，欺负他人会获得一种畸形的快感，家暴和虐待的行为也是一样的。施暴者在对家人施暴或者施虐时，无论他们有没有清晰地意识到自己行为的恶劣，他们内心还是会有一种快感。这种快感可能是控制欲和征服欲在作祟，当施暴者在施暴的那一瞬间，他们会觉得那是受害者不服从自己的要求或命令而应得的惩罚，而他们的施暴行为则满足了自己的控制欲和征服欲。

对这种快感的依赖，会导致施暴和虐待行为反复发生。当人们依赖及渴望这种快感时，就会想办法再次获得快感。而这种畸形的心理状态，往往会让那些受欺负和虐待的人痛苦不已。

反社会人格，谁是天生杀人狂？

2004 年的“马加爵事件”可谓是轰动全国。事件的来龙去脉是这样的：马加爵是云南大学生物技术专业的一名大学生，2004 年 2 月因在与舍友打牌的过程中被他人批评“不好相处”而恼羞成怒，分别于三天内杀害四人之后出逃。2004 年 6 月，马加爵被处以死刑。

心理学专家分析，在“马加爵事件”中，凶手马加爵表现出了典型的反社会人格。所谓“反社会人格障碍”（antisocial personality disorder），是一种犯罪型人格障碍。它最早来源于德国心理学家皮沙尔特提出的“悖德狂”这一病症，皮沙尔特指出悖德狂患者出于兴趣爱好、脾气秉性、本能欲望等方面的异常改变，而做出杀害他人等极端行为。后来，这一病症被“反社会人格”所替代，根据大量的案例显示，其显著特征表现为情绪的暴发性、行为的冲动性、对社会对他人仇视、冷酷；缺乏羞愧悔改之心、缺乏同理心，以及不负责任的行为。

而根据美国精神病学协会发布的精神疾病诊断标准，如果一个人具有以下七种特征中的三种或三种以上，在临床上即可认定其具有“反社会人格障碍”：无法遵守社会规范、习惯欺骗和控制他人、容易冲动而无事前计划、易怒且对他人有攻击性、毫不顾忌自身和他人安危、总是不负责任、做了坏事毫无羞愧感。

我们不妨拿“马加爵事件”来分析反社会人格的特征。首先，马加爵的行凶原因非常简单，只因为自己被认为“不好相处”就心生杀人之意，可以看出，其完全符合反社会人格障碍标准当中的“无法遵守社会规范”“易怒且对他人有攻击性”及“毫不顾忌他人安危”，不仅如此，这类患者心理承受能力极低，无法承受普通人可以承受的挫折，可能一点点刺激就刺激出他们的歹意。然后，他的行凶手段非常残暴，他用铁锤将几名受害者全部砸死，这种行凶手段也是较为罕见的，可以看出他“容易冲动且无事前计划”。最后，在行凶过后，马加爵依然没有意识到自己的错误，觉得事出有因，自己也是被迫的，这说明反社会人格患者对于自身的行为几乎是不存在反思和检讨的，符合“做了坏事毫无羞愧感”这一特征。

反社会人格的形成原因有哪些呢？有资料显示，攻击行为是具有一定的生物学基础的。大量的反社会人格案例表明，这类患者当中男性的数量是女性的 5 倍多，专家推断这可能与睾丸激素分泌水平相关。睾丸激素除了能够激发人的性欲、加速机体蛋白质形成以外，还有一个显著的作用——引发雄性的激斗行为。研究显示，与攻击性低的男性相比，攻击性高的男性体内睾丸激素水平明显更高；而与常人相比，反社会人格患者体内睾丸激素的分泌水平也要更高。

此外，英国剑桥大学于 2011 年发布的研究表明，攻击性较高的人对体内血清素减少的敏感度更高。而血清素的变化通常会影响到人大脑中控制脾气的区域。也就是说，攻击性更高的人，当血清素降低时，他们更难控制内心所产生的愤怒情绪。

除了生物学因素以外，反社会人格是否与人早年的经历有关呢？中国科学院心理学专家表示，人具有反社会行为通常不是由于个人性格或家庭环境导致，每个人都可能出现，有可能出现在某一段遭遇挫折的时期，但反社会人格是一种病态的人格，是人格的内在特质出现了问题。

通常来说，反社会人格的形成有一个过程，除了人格特质以外，也与他的生活和所处的社会环境有关。因此，建立社会心理发现和干预渠道，已到了迫在眉睫的地步。如果能给予攻击性较高的群体一定的心理干预和支持，提高他们的幸福感，让他们能够在悲剧发生之前获得及时的疏导，可减少或避免反社会行为的发生。

表演型人格，“人来疯”是如何形成的？

在生活中，我们会把一类人称为“人来疯”，他们通常喜欢在人多的场合通过各种各样的方式去吸引大家的目光，引发周围人对他的关注，他们的表现欲很强，喜欢表现出自己的聪明幽默。这样的“人来疯”，在心理学上被称为“表演型人格”。

心理学家解释，所谓的人格，是一个人趋于固定的行为模式，以及在日常生活中待人处事的习惯方式，是人心理特征的总和。表演型人格是人格的一种，它区别于表演型人格障碍。所谓表演型人格障碍，又被称为寻求注意型人格障碍或癔症型人格障碍，它更常见于女性，其显著特征表现为以夸张的言行举止吸引他人的注意或过分感情用事。

从生活经验上来看，具有表演型人格的人常常表情丰富，情绪不稳定，喜怒哀乐皆形于色，热爱自我表现，热爱交际，喜欢成为被关注的焦点。而根据美国精神病学会发布的精神病诊断标准，如果一个人具有以下 8 个特征当中的 5 个或 5 个以上，则可以判断为表演型人格障碍，分别是：在自己无法成为他人注意的中心时感到不舒服、人际交往时伴随着不恰当的性诱惑、情绪表达变换迅速且肤浅、总是利用外表来引起他人注意、言语风格刻意给人印象且缺乏具体细节、显示自我戏剧化和夸张的情绪表达、容易受他人或环境影响、认为自己与他人的关系比实际更为密切。

具有表演型人格的人可能还会伴随着一些特点：首先，表演型人格个体往往会表现出自恋，他们希望通过自己的魅力去获得他人的关注，成为众人的焦点，常常会夸大自己的聪明才智和能力业绩，并且会有意无意地去贬低其他人；然后，表演型人格个体可能会出现一定程度的反社会特质，他们在起初与人建立社交关系时表现得热情活泼，而当他们意识到自己内心的愤怒、怨恨和恐惧时会因此对他人产生怨怼甚至是攻击性行为，这与他们最初的表现是相矛盾的；最后，表演型人格个体可能有强迫特质，他们一方面希望做到穿着得体来寻求外界的认可，相信控制情绪的重要性，另一方面在情绪表达上又显得夸张和变换迅速，他们往往很难协调这两种心理，最终表现出来的常常是紧张和喜怒无常。

表演型人格的形成，与遗传及大脑的物理基础有一定的关系。脑科学研究显示，大脑的下丘脑与情绪管理密切相关。如果个体本身大脑的边缘系统或是下丘脑的兴奋阈限比较低，也就是情绪的“阀门”较为容易打开，那么这一类人就可能成为表演型人格。不仅如此，它与早期经历和家庭环境也有一定的关系，如果孩子从小缺乏父母关爱，则可能会通过一些夸张的方式去得到父母关注，因而形成表演型人格。而如果父母的表演欲比较强，对孩子也会产生潜移默化的影响。另外，表演型人格还可能源于父母的教育方式不当，如果父母对孩子的不妥行为一味地夸赞，这会造成孩子的错误认知，以致强化他们的表演意识。

俗话说“江山易改，本性难移”。而心理学研究也证明，人格是由复杂的原因和漫长的经历而造成的，想要改变人格非常困难。如果表演型人格已发展到了表演型人格障碍，已经给我们正常的生活、工作和学习带来了困扰，并且伴随着一些诸如焦虑、抑郁等不良情绪的产生，那么，则需要专业的心理治疗或心理干预。而在目前对于表演型人格障碍的心理治疗上，首要目的是减少患者过度的戏剧化，一般采用有目标的认知疗法。此外，家庭治疗可以帮助提高表演型人格障碍患者的人际交往能力，再结合一定的行为治疗和某些特定技能的询疗，可以获得比大量内省更好的效果。

自卑情结，你究竟放不下什么？

有些人的自卑，是显而易见的，但有些人的自卑，却从表面上看不出来。例如，有些人明明是很有能力的，却偏偏在众多工作 offer 中选择了不怎么样的那一份；有些人明明在他人眼里是很优秀的，却偏偏找了一个看起来不相配的伴侣……这种看起来让人有点费解的现象，背后可能都是自卑情结在作祟。

所谓“自卑情结”，它最早是由阿德勒心理流派（Adlerian psychology）的创始人阿尔弗雷德·阿德勒（Alfred Adler）提出的。自卑情结来自人们的自卑感，但要比自卑感更持久。也就是说，有自卑情结的人，在很多事情、很多方面都会持续地感觉到自卑。

心理学家莫里茨（Moritz）认为，自卑感来源于人们与外界他人的比较，这种比较包括有意识的和无意识的。它可能是在与外界他人比较时产生的一种“比不上”或“能力不足”的感觉，这样的感觉可能会让人怀疑自己存在的价值。而产生自卑感之后，人们往往会有两种处理方式，一种是以更加努力的态度去提升自己，克服自卑感；而另一种则是采取逃避的方式，避免去与他人比较。

阿德勒认为自卑可以分为原生自卑（primary inferiority）和次生自卑（secondary inferiority）。这两种自卑都可能会使人陷进一种恶性循环，从而产生自卑情结。

原生自卑通常产生于人的儿童时期，可能是因为家庭环境恶劣或家庭教育不当。心理学家韦克斯伯格（Wexberg）认为，家庭教育不当可能会使人在童年就感到无助，始终觉得自己不如别人。在面对原生自卑时，个体会产生自我保护的倾向。阿德勒认为，儿童在面对原生自卑时，往往会虚构出一个“长大要做小朋友的拯救者”（比如警察、医生等）的目标，来帮助自己从自卑感中解脱出来。

次生自卑是指个体在儿童时期面对原生自卑时所虚构出的目标在成年后并没有实现而产生的自卑感，例如求职时不尽如人意，工作时屡遭挫败等。次生自卑会唤起人们面对原生自卑时的羞耻、恐惧、脆弱的感受，会倾向于认为现在的失败证实了童年时的自卑，难以重新树立起信心。

如此一来，原生自卑与次生自卑就形成了一个恶性循环——原生自卑的产生让人虚构出一个目标以保护自己，成年后目标没有实现让人产生了次生自卑，而次生自卑又会把人们带回原生自卑的记忆中。这种恶性循环，就会让人陷入自卑情结的旋涡里。

自卑情结可能会有哪些表现呢？心理学家沃塔（Warta）与米切尔（Mitchell）认为，不同个体的表现有所不同，表现如下：

· 做事犹豫不决，因为不确定自己是否能够胜任，无法承担与个人或工作相关的责任。

· 人际交往困难，因为害怕与他人产生比较，因此倾向于逃避人际交往。

· 在人际交往中形成“表演型人格”，也就是希望通过获得别人的关注来进行自我价值的肯定，但内心其实有自卑情结和处于低自尊水平。

· 表现出极强的好胜心和攻击性，希望通过表面上的强大来弥补内心的自卑感。

那么，如果你发现自己是一个具有自卑情结的人，该怎么办呢？心理学家沃塔（Warta）在这方面给出了一定的建议：

看到自卑对人产生的积极的一面，也就是说，当我们产生自卑感时，会希望通过自己的努力去树立自己的信心，打破这种自卑。

把原生自卑和次生自卑分开来看待。如果你已经发现自己在儿童时期有过原生自卑，那么就需要不停地进行自我提醒：自我评价是否过低了？而当你在成年后遭遇到各种挫折，似乎在反复印证自己的原生自卑时，更应该提醒自己：这只是一次挫败，不是小时候体会到的感觉，这只是可以被处理的一次挫败而已。你需要明白的是，成年后的环境、能力等各方面与小时候已经大不相同，你已经有能力去改变从前的状态了。

通过积极稳定的友谊、健康的亲密关系，来缓解我们的自卑情结，也是不错的选择。伴侣的陪伴、朋友的鼓励，可以帮助我们树立信心，形成正向强化。

睡眠性爱症，是享受还是痛苦?

在英国，曾经发生过一起离奇的强奸案。英国皇家空军一位名叫肯尼斯·艾克的技师被指控在一个派对上强奸了一名15岁少女。事发当晚，艾克与朋友庆祝生日，席间喝了大量的酒，随即同所有人睡在客厅里，到了凌晨3点钟，一同参加派对的一名15岁少女惊醒，发现艾克全身赤裸地趴在她身上，于是她对其进行了强奸的控告。然而，艾克在法院上称，自己压根不知道当晚睡着后发生了什么事情，而大伙儿都知道艾克一直以来都有梦游症。最后，艾克的强奸指控被撤销了，因为他被确诊患有睡眠性爱症。

近些年来，睡眠性爱症日渐引起了人们的重视。2005 年 11 月，多伦多一名男子被指控强奸罪，后因诊断其患有睡眠性爱症而被撤销指控；同年 12 月，英国约克郡的一名男子也因此被撤销了三宗强奸罪。此外，也曾有媒体报道，有一名澳大利亚的女士夜里梦游出门时，与一名陌生男子发生了性关系。

所谓睡眠性爱症（sexsomnia），也被称为睡眠性交症，它指的是在睡眠中不自主地与他人发生性关系的现象。这种现象可谓是人在睡梦中做出的最怪异的行为，至今科学家们仍然难以了解其发病原理，而且往往因为这种行为让人难以启齿，患者主动寻求治疗的情况较少，让有心研究的人也束手无策。

睡眠性爱症的患者在睡眠中与他人发生性行为但并不自知，研究者们通常把它认为是梦游症的一种变形——患者在发病时处于睡梦状态，可能会有大幅度的肢体动作，但一般不会下床，会在床上与身边的人发生性关系，或是自慰、呻吟等。专门研究梦境的科林 · 夏皮罗教授曾经发表过名为《睡眠中的性行为：一种最新发现的睡眠异常》的论文，他把一系列睡眠中的异常行为，诸如梦游、夜惊、夜间瘫痪和睡眠性交症合并称为“睡眠异常综合征”。

研究发现，睡眠性爱症往往在睡眠过程中的非快速眼动睡眠期的第三阶段（即熟睡期）发作。人类在处于熟睡期时，大脑中负责理性思考、做决定等思维活动的前额叶会暂停运作，但是大脑对于呼吸和急性应激反应的基本功能还是相当活跃的。人类处于快速眼动睡眠期时，身体是固定不动的，但如果在熟睡期受到刺激或干扰，那么人的身体就会做出相应的反应，例如咀嚼、梦游、说梦话甚至是发生性交行为。可见，前额叶的暂停运作，让我们失去了理性思考的能力，而身体却回到了原始状态，尽力去满足人本能的需求，其中包括吃饭、性爱等需求。

明尼苏达大学的区域睡眠障碍研究中心和斯坦福大学经过大量的研究，在《睡眠与性：到底哪里出了问题》一文中解释了不同人的睡眠性爱症有什么不同。研究发现，睡眠性爱症更常见于男性，患有睡眠性爱症的男性患者会与身边的女性发生性关系，而女性患者则通常会出现自慰的行为。

到了 2014 年 5 月，《国际睡眠障碍分类第三版（ICSD-3）》把睡眠性爱症视作一种病症。但直到今天，人们对于它的了解依然非常有限。

在治疗睡眠性爱症方面，目前精神科医生会使用镇静药物帮助治疗，其原理是：镇静药物能够帮助催眠并增加镇定，越镇定就越不容易在晚上受到惊扰，就越不容易受到刺激，因而可以帮助抑制睡眠性爱症。除此以外，患者还需要调整生活方式，例如克服睡眠障碍、提高睡眠质量、增强抗压能力，以及选择舒适安全的睡眠环境等，都可以尽量减少发病。

睡美人综合征，现实版的睡美人真的存在吗？

在童话故事里，美丽大方的公主因受到了诅咒而沉睡不醒。于是，王子突破重重难关终于找到了公主，他轻轻地亲吻了公主，使得她从沉睡中醒来。在我们的现实生活中，也有“睡美人”的故事，只是真实版的“睡美人”和童话故事里的不太一样，即便有王子，他们也无法被唤醒。

早在 17 世纪末，英国就曾经出现过一个现实版“睡美人”。《英国皇家学会会报》曾经报道过一个男性“睡美人”，名叫塞缪尔·希尔顿。1694 年 4 月 9 日，希尔顿开始入睡，睡眠时间长达一周；1695 年 4 月 9 日，希尔顿再次陷进了一场长达 17 周之久的睡眠。这期间，他的家人为他请来了医生进行各种治疗，放血或是用火熏烤，希望通过刺激将其唤醒，可他依然没有在熟睡中醒来。

2010 年，英国媒体报道，英国人易莎 · 鲍尔每天可熟睡长达 22 小时之久，最长的一次睡了 12 天没有醒过来。2012 年 11 月，美国一名 17 岁的少女妮科尔 · 德利恩一天要睡 18 小时以上，最长的一次睡眠纪录是从某年感恩节睡到第二年的元旦，长达 64 天。以上这些案例，都是现实版的“睡美人”故事。

这就是“克莱恩－莱文综合征”（Kleine-Levin syndrome），也是我们俗称的“睡美人综合征”。该病症最早于 1925 年由神经病学家威廉 · 克莱恩（Will Kleine）首次提出：复发性嗜睡、暴食及无节制的性冲动及精神障碍；1936 年，精神病学家马克斯 · 莱文（Max Levin）提出建议，将这组症状命名为“周期性嗜睡－睡态饥饿综合征”；1942 年，精神病学家克里奇利（Critchley）和霍夫曼（Hoffman）将其正式命名为“克莱恩－莱文综合征”。

睡美人综合征是一种罕见的睡眠障碍，被记录于《人的基因序列变化与人体疾病表征数据库》中。该病症通常表现为嗜睡、贪食及行为异常，患者在发病时大部分时间都处于睡眠状态中，中间偶尔会起床吃饭或者去洗手间，病发持续时间通常为数天，最长可持续数月。相关数据显示，该病症在青少年中的发生率约为百万分之一，而其中大概有70%的患者为男性，截至目前，全球患有睡美人综合征的患者不超过1000人。

那么，是什么原因导致睡美人综合征呢？到目前为止，科学家们依然没有给出较为确切的解释。有些研究认为，是大脑内负责睡眠的区域功能发生异常，而据基因解码研究发现，导致睡美人综合征的重要原因是基因——基因突变导致大脑下丘脑功能发生异常，或影响了血清素和多巴胺的代谢。另外，研究者发现了一种名为下视丘分泌素的下丘脑多肽，它被喻为控制人类睡眠的“遥控器”，而睡美人综合征患者正是因为下视丘分泌素水平下降，才导致昏昏欲睡，甚至是久睡不起。

睡美人综合征最明显的临床表现是嗜睡。患者会出现无法控制的发作性睡眠，每次睡眠的持续时间为数小时至数天不等，各种刺激都无法让其清醒，睡眠时不进食不喝水，醒来后会感觉极其饥饿，因而暴饮暴食。另外，还有一些患者会出现睡眠瘫痪和入睡前幻觉的情况。睡眠瘫痪常出现在入睡或清醒的过程中，患者全身忽然无法动弹，无法言语，甚至无法呼吸，但事后可以完全回忆起来。而入睡前幻觉则是在患者眼前会出现彩色物体，形状和大小不一，也可能出现幻听和幻觉。与此同时，还有一些患者会表现肥胖，这主要是由于睡眠时间过长，使得体内热量消耗较少，而醒后又暴饮暴食，使得体内营养储存过多所致。

目前，对于睡美人综合征，还没有特别见效的预防或治疗手段。医生一般会建议患者留在家里观察，同时配合刺激类药物和睡眠药物，一方面可以预防患者无先兆入睡，而另一方面则可以帮助患者提高睡眠质量。据现有案例显示，该病症一般会在发作后 8~12 年内自然消失。因此，可以把它归类于能够自愈的疾病，只是自愈的时间相对较长。

“恋老癖”是真爱吗?

著有著名小说《情人》的法国女作家玛格丽特 · 杜拉斯曾经有过一

段鲜为人知的爱情故事。1980 年的夏天，也就是杜拉斯 66 岁的那一年，有一位名叫扬·安德烈亚的大学生走进了她的生活。扬·安德烈亚因为拜读了她的作品而倾慕这位杰出的作家，开始一封接一封地给她写信，并请求去见她。终于，杜拉斯被他的真心感动，让安德烈成为她的助手和生活伴侣，成就了一段动人的爱情故事。

类似的故事情节，也发生在电影《西西里的美丽传说》中。1941 年的春天，年仅 13 岁的少年雷纳多·阿莫鲁索在遇到温婉大方美丽的玛莲娜之后，不顾彼此年龄的差距，深深地爱上了她。

诚然，这些都是凄美的爱情故事，但不管是安德烈亚与杜拉斯之间，还是雷纳多与玛莲娜之间，男女存在巨大的年龄差，一直被世人难以接受。毕竟，一般人都倾向于选择与自己年龄相仿的伴侣。那么，这种情况在心理学上是如何解释的呢?

精神分析学派的观点认为，这是“俄狄浦斯情结”，又称“恋母情结”。是由该学派创始人弗洛伊德提出的。弗洛伊德认为，儿童在性发展的对象选择时期，会开始向外寻求性对象，而对于幼儿而言，父母首先就是他的选择对象，做出这样的选择，一方面是自身的“性本能”所致，一方面是父母的刺激。通俗地来理解，这是人的一种心理倾向，因为童年时期喜欢跟母亲在一起的感觉，或者是缺乏母亲的关爱，驱使他在成年后选择伴侣时会更爱慕比自己年龄大许多的伴侣，甚至是老年人。

俄狄浦斯情结来源于古希腊的神话故事。科林斯王子俄狄浦斯不认识自己的亲生父母，在一场争斗中错手杀死了自己的亲生父亲，又在各种机缘巧合下娶了自己的亲生母亲，知道真相后，因为承受不了内心的痛苦，自挖双目并流放了自己。弗洛伊德以此来描述儿子依恋母亲、害怕父亲的情况，他认为：男孩在潜意识中希望替代自己的父亲占有母亲，对父亲产生嫉妒心理，且会因为希望占有母亲而与父亲竞争，但又深知这是违背伦理道德的事情，内心痛苦而矛盾。

有些观点认为，俄狄浦斯情结是由于在成长过程中缺乏异性长辈关爱所导致的。如果一个人在成长的早期缺乏异性长辈关爱，或是异性长辈的关爱不符合他的内心需求，那么他在潜意识中会希望去弥补这方面的缺失。于是，发展到了成年之后，他在择偶方面会更倾向于与年长者的结合。

还有些观念认为，俄狄浦斯情结可被称作恋老癖，而那些人之所以会不自觉地爱慕老年人，是因为自己的性魅力在同龄人当中没有被认可，但是在老年人这种“弱势群体”中却可以很好地体现，因此倾向于在老年人中寻找自己的价值。

而如今，也有心理学研究认为恋母情结只是儿童早期的一种心理倾向，是普遍存在于我们生活当中的。而恋母情结的对象不一定是生理意义上的父母，只是一种心理意向，是基于父母的形象经过加工后存在于人们意识领域里的虚像。而大多数人的恋母情结，只是一种隐性的对母亲的依赖，而由于成长中各种各样的原因，这种依赖会慢慢变弱。儿童早期的思想也在不断受教育和自我成长的过程中，慢慢地得到纠正，最终形成自己健康的性取向和世界观。

性骚扰，谁会伸出咸猪手?

2012 年的夏天，在网络上掀起了一阵抵抗性骚扰的热风。事情的来源是这样的：上海地铁第二运营公司发布了一则官方微博，引起了网友的激烈论战——“二运呼吁着装暴露的女性要自重，以防止性骚扰”。

随后，该则微博引起了广大网友的热议，有年轻女子在上海地铁上蒙面上书“我可以骚，你不能扰”以示抗议。

站在女性的角度来看，在夏天穿着“清凉”是女性的权利，而这也并非不自重的表现，更不是向男性发出性骚扰邀请的暗示。早在多年前，台湾也曾有过类似的标语：“穿着暴露，招蜂引蝶，自取其辱”，当时，针对这一标语，作家龙应台给出了掷地有声的反驳：“我有诱惑你的权利，而你，有不受诱惑的自由，也有‘自制’的义务。”

俗话说“爱美之心，人皆有之”，女性有自由着装的权利，任何人或社会舆论不能以女性衣物布料的多少来衡量其是否自重，而男性也不能以布料为借口，去为自己伸出“咸猪手”找借口。

所谓“性骚扰”（sexual harassment），目前在国际上没有一个统一的界定，通常指的是有性暗示的、不受欢迎的可能导致严重后果的言语、手势或行为举止。其表现形式通常有以下三种：一是用黄色笑话、讲述个人的性经历等口头方式骚扰；二是故意触摸、碰撞或亲吻对方敏感部位；三是在工作场所周围布置色情淫秽图片、广告等。

那么，伸出咸猪手的人可分为哪几类呢？

饥渴型性骚扰。目前，大多数性骚扰者属于这个类型。因为他们性欲求长期得不到满足，在饥渴的情况下高度缺乏自制力，而这导致的冲动会让其对女性做出一些后果严重的性骚扰行为。

游戏型性骚扰。这类性骚扰者是所谓的“猎物能手”或“花花公子”，通常都把女性当作猎物或玩物，对女性做出不礼貌的骚扰举动纯粹出自游戏心理，为了展示自身所谓的“狩猎”能力。

权力滥用型性骚扰。不少性骚扰事件发生在职场中，特别是男上司和女下属之间。美国作家凯斯琴·内维尔的《内幕》一书中，就把职场中的性骚扰事件揭露无遗。尽管权力在很大程度上是性骚扰的“保护伞”，随着女性受教育程度和法律意识的不断增强，越来越多的受害者会站出来维护自己的权益。

一直以来，人们会更倾向于认为，性骚扰的受害者是女性。但在现实中，男性也会遭遇性骚扰。据统计，在目前的性骚扰案件中，男性性骚扰实施者的比例约为 78%，而余下 22% 则是女性实施者，可见，也有一些男性受害者是有苦说不出。

很多人认为，只有年轻漂亮的女性才容易遭遇性骚扰，其实不然。关于性骚扰，有一个需要引起大家广泛关注的情况是：那些看起来反抗能力弱的、情绪低落的女性更容易成为性骚扰对象。另外，衣着暴露也并不是引起性骚扰的直接原因。

值得一提的是，有统计数据显示，7.4% 的女性曾遭遇过不同类型的性骚扰。随着我国女性教育水平和法律意识的不断提高，越来越多的人会选择使用法律武器来维护自身的合法权利。早在 2001 年，西安的童女士就她遭遇上司性骚扰的事件向法院提起了控诉，这是我国的第一起性骚扰案件，尽管当时因为缺乏证据的支持，童女士最终被判败诉。然而，这却成为女性保护自身权利的正面例子。

2005 年，《妇女权益保护法》第一次提到“性骚扰”这一法律术语。2012 年，《女职工劳动保护特别规定》将“用人单位应当预防和制止对女职工的性骚扰”这一规定明确写了进去。2018 年 8 月，将“违背他人意愿，以言语、行动或利用从属关系等方式对他人实施性骚扰的，受害人可依法请求行为人承担民事责任”作为《民法典人格权编（草案）》的其中一条款提交了全国人大常委会审议。可见，拒绝沉默，拿起法律武器捍卫自身权利，才是在遭遇性骚扰后有力而正确的做法。

热衷于角色扮演，这是心理变态吗？

在美剧《欲望都市》中有这样一个情节：萨曼莎与她年轻帅气的男友史密斯在“床榻之事”中享受着一种不一样的乐趣——进行角色扮演的游戏。有时是萨曼莎裹着风衣，撑着伞，与史密斯扮演中老年电影中的浪漫男女；有时是史密斯趁萨曼莎在打扫屋子时扮演强盗，闯进她的屋子里。

这样的角色扮演，其实不仅是在影视情节中会出现，随着人们性观念的逐渐开放，如今现实生活中的男女，有时也会进行一些角色扮演游戏，例如扮演护士和病人，教师和学生等。那么他们通过这样的角色扮演，会获得怎样的满足呢？做出这种行为又是出于什么样的心理和想法呢？

首先，角色扮演也是满足性幻想的一种方式。所谓“性幻想”，心理学家乔亚尔（Joyal）等人认为，是指人们脑海中某些会让人产生性欲求或性唤起的一些想象。性幻想有多种类型，通常来说，有四种常见的：第一种是控制与服从，第二种是被观看，第三种是非正常的一对一方式，第四种则是角色扮演。

心理学家拉法塔（Lafata）通过大量的案例研究发现，最常见的对角色扮演的幻想包括护士与病人、教师与学生以及脱衣舞者与顾客等。而角色扮演本身包含着人们对于“控制与服从”的幻想，这种“控制与服从”很多时候是通过“制服”的方式来实现的。也就是说，让伴侣穿上“制服”是对其实施的控制，或者自己穿上“制服”则表示对对方的服从。一方面，制服爱好体现了一个人的控制欲；另一方面，人们通过身着角色制服，幻想可以获得制服角色中与自己截然不同的魅力和气质。

此外，角色扮演中的制服也成为人们解决“性羞耻感”的一种方式。人们通过角色扮演，通过身着制服，将自己在性行为中的一切言行举止都与原本的自己区分开来。而当角色扮演游戏结束，脱下了这一身制服后，似乎就不需要再为性爱过程中的任何行为感到羞耻。

其次，在部分人的性价值观中，性行为具有娱乐的功能。每个人由于成长环境、经历等不一样，会持有不一样的性价值观。性行为在大多数人的价值观里，是爱与亲密的表达。但是，在有些人的价值观中，性行为除了表达爱与亲密以外，还有娱乐的功能。在这样的性价值观驱使下，他们会想尽各种方法让自己和伴侣体验到更多的快感，其中，就包括角色扮演。

现实生活中，每个人都拥有比较固定的几种角色，例如男性在家里是父亲和丈夫，在工作场合是职员等。而角色扮演游戏可以让他们体验一番在现实生活中体验不到的感受，也让彼此在过程中获得新鲜感与不一样的乐趣。

最后，在性爱过程中进行角色扮演游戏，也是一部分人对于未能满足的愿望采取的一种心理弥补方式。从进化心理学的角度上看，男人具有传播基因的本能。也就是说，男人会希望把自己的基因传播出去，希望获得更多的后代。因此，有些男人之所以喜欢多个性伴侣或者与伴侣以外的人发生一夜情，本质上来说，是希望让更多的人帮助他把基因传递下去。然而，囿于如今法律规定的“一夫一妻制”，以及道德的约束，男人的这种愿望是无法得到实现的。

那么，如何弥补这些“愿望”无法实现的心理呢?

有些人会选择将其深深地藏在心底里，有些人会转移自己的思想，将生活的重心放在事业上，而有些人可能会采取另外一种替代的方式——角色扮演。通过角色扮演，去获得一种心理上的补偿。这种方式，如果可以在征得伴侣的同意下进行，反倒是一种情趣。

为什么网络偷情让人如痴如醉?

所谓“网络偷情”，指的是不直接通过实际身体接触的方式，而是利用电话、短信、视频等方式来获得性快感和性满足。如今，也被称作“虚拟性爱”。随着互联网的日益发展和普及，网络为人们提供了广阔的渠道和生活的便利，同时也创造出了这种虚拟的偷情方式。

美国一家网站针对当地 18 岁以上成年人进行了一项调查，结果显示，10% 的网民沉迷于网络视频自慰，该行为影响了他们的正常生活和人际交往。另一家网站也针对虚拟性爱行为进行了调查，发现在 18 岁到 45 岁之间的网民中，有 44% 的人在上网时伴随着性动机。

可见，网络偷情、虚拟性爱已经让部分人到了如痴如醉的地步。那么，为什么虚拟性爱容易上瘾呢?

我国中山大学附属医院专家指出，虚拟性爱的高发群体是青少年，因为该群体的性意识刚刚萌动，一方面，身心的发展使其对异性产生了好奇、幻想甚至是冲动，另一方面，道德的约束又让个体压抑了性冲动。由于性知识比较匮乏，同时性心理发育不够健全，会倾向于通过这种方式来满足自己的性需求。虚拟性爱或是跟性有关的其他网络体验，可以引起大脑内多巴胺的分泌水平上升，带来愉悦。但因为青少年尚未建立起成熟的性爱观，这类新鲜刺激的网络体验对于青少年的成长和身体健康并没有好处。

在成年人中，也有一部分人沉迷于虚拟性爱。有些人是因为在生活中与异性的交往和沟通存在问题，于是到网络上去寻求安慰；有些人生活中有伴侣，但由于各种原因感情变淡，于是转向网络去寻求新的刺激。无论哪种原因，沉迷于虚拟性爱这种行为，对于现实生活中关系的维持都有很大的负面影响。

心理学家认为，人们对虚拟性爱的沉迷，可能是从缓解现实生活中的性压力开始的。起初，可能只是在网络聊天中掺杂着色情的文字或图片，紧接着就可能发展为“电话性爱”，也就是通过在电话或语音聊天的过程中讲述性内容以刺激性欲，接着就可能发展为视频性爱。一开始，网络的虚拟性可以满足某些人部分的性压抑，可是时间长了，日益膨胀的性需求将无法被满足，而当性幻想充盈着整个大脑时，正常的生活和交往就会被大大影响。

从脑科学的角度来看，人类的性欲是一种非常复杂难言的神经反射活动，两性之间言语交流、视觉挑逗等都可能成为性的刺激源，然后通过视觉、听觉和触觉等感官反射性地刺激大脑皮层，引起皮层支配性活动的中枢和皮层下条件反射中枢的兴奋，从而引起男性前列腺等性腺充血膨胀，前列腺液分泌水平上升，性器官充血。因此，尽管虚拟性爱没有实际的肢体或生殖器的接触，但通过语言或视觉刺激挑逗，同样会引起性兴奋，使性腺充血肿胀。

如果长时间进行虚拟性爱，处于持续的性兴奋状态中，会造成前列腺一直处于充血肿胀的状态，这会导致腺体间组织肿胀，引起无菌性前列腺炎。同样，虚拟性爱对于女性的健康也存在一定隐患，长时间处于性兴奋状态，会使得女性盆腔长时间充血，同样会引发很多妇科炎症，严重的甚至可能导致不育。

可见，虚拟性爱无论是对于人的正常生活、工作、学习还是身体健康，都存在着一定的负面影响，而如果沉迷于这种方式，甚至已经发展成了“瘾”，那么后果可能不堪设想。成瘾者应当在意识到这个问题后，适当减少上网时间，多培养健康的兴趣爱好，多参加有利于身心发展的活动，有必要的，应寻求专业心理咨询的帮助。

露阴癖，为什么总想“露”给别人看看？

说到“露阴癖”，可能很多人都听说过或遭遇过。在商场、餐馆、大街、学校、公共交通工具等人不太多的公众场合，突然有人拉开衣服“展示”起自己的私处来，有时还面露猥琐的表情或是伴随着手部动作，让人感到恶心和惊悚。

所谓露阴癖（exhibitionism），指的是在不合适的环境或场合下，在异性或公众面前公开暴露自己的生殖器官，引起对方紧张恐惧等情绪反应，从而获得快感的一种现象。从目前的病例上看，这种行为多发于男性。

引发露阴癖的原因有哪些呢?

首先，可能是与幼年时的生活环境有关。环境的影响是造成露阴癖的原因之一，如果幼年的生活环境中经常有色情、暴力等因素的存在，在成长的过程中会受到不良影响，引发早熟现象，久而久之，可能就会形成露阴癖。

其次，可能与幼年时的经历有关。很多人在幼年时期，有过不经意看到父母或其他成人身体裸露或性行为的经历，也有一些因为性教育不到位，而与同龄人有互相抚摸生殖器的行为。这些在幼年时看似不值一提的经历，都很可能与成年后的露阴癖有关。

最后，可能是因为性心理发育不健全。在很多露阴癖案例中，不难发现露阴癖者的性格大多存在某些诸如孤僻、不善言谈的缺陷，有些甚至一和异性交谈就会面红耳赤，情绪紧张。谈“性”色变的教育方式使得很多人性知识匮乏，性心理发育不健全，而这些都可能会诱发其成年后通过不当的行为来宣泄性欲求问题。

那么，露阴癖者是如何获得心理快感的呢？许多人对露阴癖有误解，以为其露阴行为是为了对受害者加以进一步的侵犯。实际上，露阴癖者一般不会试图进一步与他人发生性行为，让他们获得快感和刺激的也不是裸露生殖器这一行为本身，而是被骚扰者因为他们的行为而产生了紧张性情绪，才会让他们感到刺激，从而获得性高潮或性满足。受害者反应越强烈，露阴癖者越兴奋。

英国性心理研究学者蔼理士在《性心理学》一书中提到：露阴者把他的私处向女子展示一下，看到女子或害羞或紧张的反应，就可以让他在心理上获得满足，就如正常的性行为所给予的满足一样，他会认为自己在精神上已经破坏了一个女子的贞洁。

目前，在心理治疗方面，对于“露阴癖”患者的治疗方法主要有：

认知领悟疗法。这种治疗方法是通过引导患者回忆幼年时期相关的生活经历，追根溯源，找到引起露阴癖的源头，然后分析该行为产生的机理和造成的危害，让患者认识到这种行为是儿童时期经历的再现。进而，在认知领悟的情况下，让露阴癖者性心理成熟起来，去矫正该偏差行为。

厌恶疗法。首先引诱患者想象其露阴行为，然后通过电流、肌肉注射催吐药物、橡皮圈等恶性刺激方法，去破坏患者病理条件反射，以强化抑制，直到将已建立的条件反射消除。

那么，如果遭遇“露阴癖”该怎么办呢？很多女性在公众场所遇到露阴癖时，会感到紧张害怕，有些甚至都不敢再经过同样的地方了。其实，露阴癖患者大都不会有下一步的攻击行为，并且多数会在事后后悔不已，所以，遇到露阴癖患者的时候大可不必过于惊慌。

曾经在网络上看到，一名大学女生在校园里遇到露阴癖者，她没有表现出紧张性情绪，反而用坚定的态度和眼神盯着对方看，最后露阴癖者大哭不已，惊慌离开。因此，在面对露阴癖的骚扰时，如果表现出惊慌，反而会满足了他的性欲求，而如果被骚扰者表现出坚定的厌恶以及不屑一顾的表情，就可以瓦解他的目的与动机，不仅是对自己的保护，也是对此类行为采取的一种抑制方法。

Chapter 6

×

识人准到骨子里的行为心理学

信手涂鸦，随手一画也能透露心思？

曾经有心理学专家们用了长达一年的时间来观察人们在开会或打电话时的行为举止。他们发现，几乎有三分之二的人在开会或打电话时会在手边的记事本或是纸片上信手涂鸦，也就是随意画一些简单的小图形。这到底只是偶然的、随意的行为，还是一种内心想法的反映呢？

来自俄罗斯的心理学研究者列纳塔·贝尔科娃表示，这种信手涂鸦很能反映人们的内心想法，其实质是人们潜意识的表现，研究自己随手画出来的“作品”，实际上是自我认识的一种方法。那么，人们看似无意的信手涂鸦，都能分为哪些类型呢？这些类型又反映出人们哪些心思呢？

心理学家们通过长期的观察和研究，发现人们画的内容，常见的有以下几种类型。

1. 圈圈、波浪线、螺旋线

心理学家发现，画这种类型的画的人内心是孤独和忧郁的。他们对别人的事情和问题通常漠不关心，认为外界的事情对于自己来说是一种干扰，如果不得不去做一些与自己无关的事情，他们内心会极不情愿或者希望赶紧结束，因为即便是处在这种不得不做的境况下，他们依然想着自己的事。具体来说，如果画的是“螺旋线”，那么可能内心已经很不耐烦，此时要注意控制自己的情绪；如果画了很多“圈圈”，那么内心多为孤独和忧郁。

2. 太阳和花

心理学家认为，画这种类型的画的人内心情感与想象力非常丰富，但是个性大都比较脆弱。他们表面看起来轻松快活，但内心多半不是，一点生活琐事对于他们来说都能成为烦躁不安的来源。他们渴望朋友，希望可以得到友谊，但多半不愿意主动去联系朋友。而如果将太阳涂成了黑色，则表示心理可能有压抑情绪。

3. 格子

心理学家表示，画“格子”这种图案的人可能陷进了一种纠结、尴尬或不体面的处境。如果画线较为粗重，则表示他们在此境地中可能会采取进攻的策略。如果最后一笔是把格子给圈住，则表示内心已经想到了办法可以解决面临的问题。然而，他们想到的解决之道通常却不是彻底的解决，因为这一类人倾向于把心里的苦水咽下去。但苦水积攒多了，自信心就容易被打垮。

4. 椭圆形

这里讨论的可能是一个一个的椭圆形，也可能是很多椭圆形交织在一起，画这种类型的画的人说明当下这一刻很无聊。或许是开会的内容太无聊了，或许是电话的内容听腻了，这种行为类似于掏出手机来刷朋友圈一样，想要打发无聊的时光。

5. 十字、交叉

心理学家们发现，不停地在纸上画“十字”的人，内心可能很苦恼，他们或许是遭到了别人的怨怼，或许是深陷入自我谴责之中。如果你发现自己在无意识中笔尖流露出“十字”的图案，不妨在心里思考一下真正的原因，因为事情一旦拖得久了，带给你的痛苦可能更深。而如果是画“交叉”的人，则说明他个性较为直爽，并且有些固执，容易得罪周围的人，容易与人发生不必要的冲突。

6. 简单的人像

画这种类型的画的人，内心可能处于一种无助的状态，或是有逃避某种责任的倾向。如果画出来的人像没有耳朵，则说明心理上有些抗拒他人发出的指令，这种情况更多地出现在孩子身上。

7. 正方形、长方形、三角形

画这类几何图形的人，内心通常有明确的原则、信念或目的，他们通常会倾向于清晰表达出自己的观点和看法，不会在任何人面前有所隐瞒。画出来的几何图形棱角越分明，说明这个人性格上比较有野心，较为霸气。不过，这种性格的人往往会在一些鸡毛蒜皮的小事上纠结。

过马路的方式是个性的体现?

过马路这件小事，每个人每一天几乎都会做，似乎微不足道。但是，只要我们用心观察，就会发现，尽管同样都是过马路，但不同的人却有不同的方式。那么，过马路的方式不同，是不自觉的行为，还是内心或个性的反映呢?

心理学家认为，不同的人有不同的过马路的方式，这其实和人的个性有很大关系。他们经过观察，发现了这几种过马路的方式：

过马路的时候盯着红绿灯，并且在红灯转为绿灯的瞬间迅速地冲过去。这种过马路的方式，可以看出这种人性子比较急，时间观念很强，平日里几乎是分秒必争。他们为人处事的风格较为果断，讲原则，讲规矩，并且非常有主见。因为风风火火的性格，常常会被人误以为冷酷无情、不屑一顾，然而这种人也会有喜欢照顾他人的一面，别人拜托他办的事，他一般不会拒绝，而且会尽力做到最好。

过马路的时候不紧不慢，没有关注红绿灯的变化，一般等别人迈开了步伐自己才发现。这类人与上面一类人恰恰相反，他们相较于分秒必争的快节奏生活，更喜欢慢悠悠的休闲日子。他们在平日里表现得不紧不慢，看起来比较随和，容易相处。但是这一类人，在别人交代他办事的时候，执行力往往也不算太强，因为他们更倾向于按照自己的步调走。

过马路的时候尽管是绿灯，依然左右反复确认没有车了才过，而且多半会走在人群中间。这类人非常注意自身安全，小心谨慎，性格较为保守，倾向于安稳、宁静的生活，是风险厌恶者。

除了以上几种独自过马路的方式，可以看出一个人的性格以外，如果你和另一个人一起并肩过马路，也可以通过观察他过马路的方式，来大家随即也就安静下来了。其实，“敲桌子”这个动作，就是一种发言动作，它在示意大家：“静一下，听我说几句。”

传播学专家在大量的研究中发现，手部动作这种无声的语言有时候要比有声的语言更能传达出说话者的心意。作为一种沟通方式，手部动作要比有声语言传播的范围更大，因为有声语言有时会因为距离而达不到传播效果，或者被附近的噪音所掩盖，比如在嘈杂的教室或会议室中，有声语言不太容易被注意到。因此，在很多时候，手势要比语言更能传递出我们熟悉的信息。比如，当人们举起手时，是向对方示意“我要发言”或者是“我在这里”；当人们用双手鼓掌时，是在夸奖和鼓励对方；当人们向对方举起大拇指时，则是在表示赞同或钦佩，等等。

除了不停地敲桌子，还有一些无意识的手部动作，其实是在反映内心的真实情况：

把玩手上或手腕上的饰品等。当一个人在与对方交谈的过程中，无意识地在把玩自己手上或手腕上的饰品，如戒指、手表、手镯等，这个人的内心可能有两种想法，一是这场交谈让他感到很无趣，只好做一些无关紧要的小动作来表达内心的不满，或是打发时间；二是他对于对方说的话感到犹豫，在思考要如何表达自己内心的想法，或者如何反驳对方的观点。

不停地摸耳朵。如果在交谈的过程中，对方无意识地频繁发生摸耳朵或者是拉耳垂这样的小动作，则表明你的滔滔不绝让他感到很厌恶，他的这个动作正是在提醒你“该听听别人怎么说了”。也就是说，他觉得是时候轮到他表达观点了。

嘴唇微张数次却没有说话。如果在交谈时看到对方三番四次地微张嘴唇，却始终没有发出声音，这并不是代表他无话可说，而是他数次想说话了，你却没有停下来听他说话的意思，他出于礼貌，多次欲言又止，不好意思打断你的话。

用手指或手上的东西在画画。不管是直接用手指在无意识地画画，还是用手上的牙签或笔在画画，不管画的是什么内容，实际上这个动作都是在表达他内心的焦急。他可能无法打断你的发言，或不好意思打断你的发言，但是他心里有着急想要说话，这样的焦急，可能还会使他加快手部的小动作，或是额头上开始冒汗了。

手部动作中蕴含着大量的信息，会随着说话情境的不同，说话者所要表达的内容的不同而不同。而且，手部动作通常都是无意识的，自然流露的。因此，心理学家们认为，手势可以说是人类的第二张面孔。

一边眉毛上扬，他在怀疑什么？

南加州大学心理学博士杰勒德·尼伦伯格曾经与他的同事们组织了大量关于人体面部表情与心理活动之间关系的实验，实验结果表明：眉毛是反映人们心理活动的一大“利器”。

在现实生活中，眉毛在面部中不仅起到了遮挡雨水、修饰面容的作用，而且还能用于表达人的内心活动。尼伦伯格表示，当一个人只是扬起了一边眉毛时，通常表示他对于听到的话、见到的场景有所怀疑和不理解，就好像是在问对方：“真的吗？你对此能够确定吗？”而如果一个人的眉毛双边都向上挑起，则表示对对方的话或行为感到十分惊讶、赞赏，有时可能也会提出疑问。

美国联邦调查局的内部人员中有研究面部微表情的专家，专家们经过大量的案例和研究发现，眉毛除了两边上扬或一边上扬，还有很多其他的小举动。很多时候，他们只需要通过观察对方眉毛的微小变化，便可以大致判断对方所说的话真实与否，甚至可以获知对方内心的想法，

例如通过以下这些小细节:

眉毛内靠和外扬。俗话说“眉头一皱，计上心来”，如果看到一个人两边的眉毛向眉心中间靠拢，说明这个人正在思考问题。而正所谓“眉飞色舞”，如果一个人两边眉毛向外扬起，那么则表示他内心正在高兴或得意。

眉毛耸起。所谓“眉毛耸起”，就是指一个人把眉毛扬起后，在上方稍微停留片刻，再下降这一连续动作，通常眉毛耸起的动作会连续几次出现，而且会伴随着嘴角微微向下一撇。这种表情表示一种无奈或是不愉快的心情。有时候，当一个人在发言时说到重点，也会通过数次眉毛耸起的动作来表示语气的加强。

眉头紧皱。皱眉通常有两种，一种是侵略性皱眉，一种是防卫性皱眉。侵略性皱眉的目的是出于防卫，因为对自己侵略性的情绪可能会引起对方的反击而担忧；防卫性皱眉是为了防止眼睛受到外来的伤害，例如在遭遇强烈的光线、面临外界的攻击时，会做出这样的表情。而更常见的眉头紧皱，是在表达焦虑、烦躁、恐惧等情绪。

眉毛倾斜。所谓“眉头倾斜”是指两边眉毛一边上扬、一边下降的状态。前面说过，眉毛上扬是在表示怀疑，而另一边眉毛下降则加强了怀疑的程度，表达出一种怀疑难解的状态。

眉毛闪动。所谓“眉毛闪动”是指眉毛上扬后又迅速下降的状态，与眉毛耸起有些类似，但动作的速度要更快。而且眉毛闪动通常伴随着笑容和手势，这通常是一个人在表达惊喜或欢迎时的神态，例如见到了一个许久不见的朋友，内心十分欣喜。

眉毛打结。所谓“眉毛打结”是指眉毛的两边同时上扬及互相靠近的状态。出现这样的表情，一般是在人们遇到非常麻烦和棘手的事情，内心感到纠结或忧郁。打结的眉毛伴随着下垂的嘴角，呈现出一张哭丧的脸，这样的微表情，有时候也会出现在一些患有慢性疼痛病症的患者脸上，而急性疼痛的患者产生的则是低眉且伴随着面容扭曲的表情。

总而言之，一个人的眉毛虽然只有简单的两边，但是却可以表达出很多种内心活动。我们在与人打交道的时候，不妨多留意对方的微表情，也许可以读到很多言语中获取不到的信息。

这才是心理学

犯罪心理学

谢晴　颜雅琴◎著

中国轻工业出版社

图书在版编目（CIP）数据

这才是心理学．犯罪心理学／谢晴，颜雅琴著．—
北京：中国轻工业出版社，2019.8

ISBN 978-7-5184-2334-7

Ⅰ．①这… Ⅱ．①谢… ②颜… Ⅲ．①心理学—通俗读物②犯罪心理学—通俗读物 Ⅳ．① B84-49 ② D917.2-49

中国版本图书馆 CIP 数据核字 (2019) 第 155878 号

责任编辑：由　蕾　　策划编辑：由　蕾　　责任终审：张乃柬
封面设计：王玉美　　版式设计：张龙梅　　责任监印：张京华

出版发行：中国轻工业出版社（北京东长安街 6 号，邮编：100740）
印　　刷：北京画中画印刷有限公司
经　　销：各地新华书店
版　　次：2019 年 8 月第 1 版第 1 次印刷
开　　本：880 × 1230　1/32　　印张：14
字　　数：220 千字
书　　号：ISBN 978-7-5184-2334-7　定价：69.00 元（全 2 册）
邮购电话：010-65241695
发行电话：010-85119835　传真：85113293
网　　址：http://www.chlip.com.cn
Email：club@chlip.com.cn
如发现图书残缺请直接与我社邮购联系调换
181395G1X101ZBW

写在前面的故事

当你远远凝视深渊时，深渊也在凝视你。

——弗里德里希·尼采

2012年的秋天，我来到了祖国南方一所公安院校任职，担任“犯罪心理学”课程的授课老师。在参加入职培训时，我听到一位老教授讲起了一件案子。这个案子令我感到震撼，以至于6年过去了，依然让我记忆犹新。我对整个故事稍稍作了艺术加工，分享给大家。

江岸边的白骨

这座矗立在南方的小城，没有北上广深的大气繁荣，但依山傍水，别有一番风貌。一条从北向南穿城而过的江水，静谧安详，成了许多市民饭后散步的首选之地。然而，在 2010 年的一个秋天，这份宁静却被岸边的一声尖叫打破。

“报告副支队长，这里就是首先发现尸骨的地方。”在离跨江大桥不到 1 公里的岸边，刚从刑警学院毕业的江晓北正在向市刑侦支队副支队长陈国安汇报案情。“今天 19 点 30 分左右，一位老人在这里散步。他看到一个蛇皮袋被河水冲到了岸边，好奇之下打开了蛇皮袋，发现了一具尸骨并赶紧报了警。您看，就是这个地方。”

“法医那里怎么说？”陈国安问道。

“娜姐说，根据对尸骨的检验，死者是一名女性，身高大概 1.65 米，死亡时年龄在 20 岁左右。死亡的具体时间不好推断，根据所处环境的不同，尸体白骨化的时间短则几个月，长则数年，难以下定论。”

听到这里，“久经沙场”的陈国安点燃了一根香烟，望着湍急的江水一言不发。因为连绵的阴雨，河水一改往日的温柔，变得波涛汹涌。

“小江啊，这个案子你觉得咱们该怎么弄？”抽完了一整根烟后，副支队长终于开口。

“既然知道了死者的性别、身高和死亡年龄，我觉得应该从本市这几年的失踪人口查起，大概符合条件的一个个排查，与失踪者的亲属进行 DNA 比对，确定死者身份。知道了死者身份后，从其周围社会关系入手，看能不能找到点线索。”江晓北略做思考后回答。

“看来也只能如此了。”陈国安抽出第二根烟，但随后又放了回去，他有种直觉，这个案子没这么容易解决。

回忆中的母校

果不其然。两个多月过去了，连续的加班，连日的奔走，案件却始终没有进展，一股焦躁的情绪开始在刑侦支队的大楼里蔓延开来。

挂掉了老妈的电话，喝下了今天第七杯咖啡后，带着两个大大的黑眼圈的江晓北被叫到了陈国安办公室。

“小江啊，年轻人工作有拼劲是好事，可也要注意身体啊！”看到江晓北的疲态，陈国安安慰道。

“队长，我真休息不来，一想到杀人犯还逍遥法外就来气，搞不好他现在正在嘲笑我们呢。”江晓北一脸的义愤填膺。

看着江晓北的样子，陈国安露出了一丝难得的微笑，他想起了才从警校毕业的自己，一样的青春年少，一样的正义满怀。

陈国安这时忽然想起，自己好像好久都没回过母校了，明明就在同一座城市里嘛。自从当上了这个副支队长，生活好像就都被工作占据了。听说新修了气派的教学楼，原来教学楼门口那两个石狮子去哪儿了呢？2栋301还在吗？现在住的又是谁呢？听说李指导当上了学工处副处长了，按年龄应该也快退休了吧。还有教足迹学的黄老师、治安学的刘老师和犯罪心理学的李老师，他们都还好吗？

等等，李秋白，李老师……

“小江，我现在给你个任务，把这个案子的全部卷宗带去我的母校，你去找一位老师，他也许能帮到我们。”

“您的母校是？”江晓北问道。

“省警察学院。”

校园里的侦探

坐在李秋白的办公室里，江晓北显得有些拘谨，这可能是在刑警学院读书时候带来的习惯，毕竟面对的都是老师嘛。

李秋白今年 45 岁，但样貌远比年龄看起来年轻。刚到学校的他还没来得及换上警服，穿着一身干练的黑色夹克加西裤。听明小江的来意后，李秋白看了看表，离下堂课上课还有半小时，时间还够。于是在给小江倒了一杯红茶后，他抓紧时间看起了卷宗。

十五分钟后，李秋白合上了卷宗。“接下来我说说我的看法，不一定对，供你们参考。”嘴巴上说不一定，但李秋白的眼神却显得信心十足。

“第一，凶手抛骨的时间很可能是在 2010 年 7 月到 10 月间。尸骨密度大于水，会沉入水中。但因为当时雨水连绵，导致江水湍急，加上尸骨质量不是很重，于是被冲上了岸边。发现尸骨时是 2010 年 10 月，而本市上一次连续多雨是在 7 月初。

“第二，尸体如果暴露在空气中，会渐渐散发出浓重的臭味，容易被发现。而这具尸体变成白骨仍未被察觉，很大概率是埋在地下。

“第三，尸体明明埋藏得好好的，为什么现在要挖出来？那说明原来的埋尸地点有了暴露的危险，很有可能是旧小区现在正在拆迁施工。

“第四，二楼以上的住户不太可能选择土里埋尸的处理方式，凶手很有可能是一楼的住户，尤其是带院子的。

“第五，为什么是抛骨江中，而不是选择到郊区等更保险的地方处理尸体呢？我觉得凶手应该就住在江水附近，且没有私家车，难以私密行动。为了不被发现，在深夜用蛇皮袋装上尸骨，把它丢到江中成了比较稳妥的办法。

“综上所述，查一查抛骨点上游两岸的附近，看看有哪些旧小区是2010年7月至10月间开始拆迁施工的。你们要找的凶手之前应该就住在里面，一楼，没有私家车。”

说完这些，李老师看了看表，说了声抱歉，就赶紧拿起警服和教学包向教室走去，留下了目瞪口呆的江晓北。

地板下的罪恶

案件水落石出。

2000 年，市区的某个破旧小区里。工作了一天的女孩柳清回到了自己租住的房子里，浑身疲惫的她正考虑是煮面条还是出去吃时，忽然响起了敲门声。是隔壁居住的一对中年夫妻，他们和柳清关系不错，时常邀请这个小女孩到家里吃饭。

坐在饭桌上的柳清觉得自己运气真不错，碰到了这么一对儿善良的邻居。她还想着今年一定要好好工作，年底争取多攒点钱，帮还在广西农村读书的弟弟把学费交上，再给家里买点年货。就在她憧憬着将来美好的生活时，眼前突然一黑，所有的一切都戛然而止……

江晓北回到了学校，兴奋地把整个案情告诉了李秋白。

“动机呢？凶手交代了吗？”李秋白继续问。

“妻子出轨被发现，作为补偿，把女孩迷晕后给自己老公强奸，然后将受害者杀害。哦，对了李老师，凶手的确是住一楼，但尸体没埋在院子里，而是在家里客厅的地板下。”江晓北回答。

“这样啊，那就更可怕了！”听到这里，一向古井不波的李秋白忽然叹了口气。

“您的意思是？”江晓北有点迷惑。

“你想想看啊，尸体就埋在家里的地板下，接下来的这十年里，在这具尸体之上，他们做饭，睡觉，洗衣，拖地，柴米油盐，家长里短，他们体会着喜怒哀乐，演绎着悲欢离合。是什么样的心态让他们假装这一切都不曾发生过，从一天、一月、一年到十年？想到脚下那个天真无辜的女孩，他们可曾有过一刻的悔过？想到这里，我就觉得毛骨悚然、不寒而栗。所以啊，也许我们人类才是这个世界上最恐怖的生物。”

说到这里，窗外的树影正好照射了进来，李秋白的脸上露出了十分哀伤的表情。这个场景留在了江晓北的心中，好久都难以忘记。

（文中人名均为化名）

案子讲完了，您有什么感想呢？

在这几年的公安教学生涯中，尽管我对人性本善抱着极大的信心和希冀，但一个又一个像这样令人唏嘘的案件总是在向我们诉说着这样一个事实：地狱并非空荡荡，人间亦有恶魔在。人类最难面对的敌人，也许恰恰就是人类自己。

所以，如何分辨出这些“恶魔”（找到罪犯的心理和行为规律），保护自己免遭伤害，如何认识自我、反思自我，让自己不成为被邪恶与欲望摆布的怪物，这是犯罪心理学这门学科一直在思考和探寻的，也是本书希望能告诉大家的。

本书的一到六章由谢晴撰写，七到九章由颜雅琴撰写，希望您会喜欢这部作品。

目录

CONTENTS

Chapter 4 —— 字如其人

笔迹与犯罪心理

Chapter 5 —— 笼罩白银市的血色恐怖

连环杀手犯罪心理

目录 CONTENTS

Chapter 1

×

漫长的过去，短暂的历史

犯罪心理学的前世今生

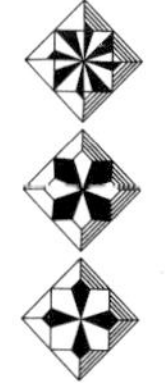

心理学有着漫长的过去，但只有短暂的历史。

——赫尔曼·艾宾浩斯

“漫长的过去，短暂的历史”，这是德国著名心理学家艾宾浩斯对心理学这门学科发展历史的描述。这段话在心理学专业领域流传甚广，有点“言必称希腊”的感觉。虽然只有短短几个字，却把心理学的“前世今生”很精辟地表达了出来：别看咱年纪不大（心理学诞生于1879年），但从家谱上往前翻，家底厚得很呢。

犯罪心理学是一门研究犯罪人的心理和行为规律，探索犯罪对策和犯罪预防的心理学分支学科。作为心理学众多“小弟”中的一个，犯罪心理学的发展历程当然也继承了这样的特点。虽然普遍认为犯罪心理学诞生于19世纪末，但早在遥远的过去，东西方无数对犯罪心理感兴趣的学者们，或是苦思冥想，或是深入基层，将自己思维的美丽火花绽放在了历史的长空中，经久不灭，熠熠生辉。

开封有个包青天

说起西方的名侦探，你能想到谁？相信大多数人会回答福尔摩斯。那我们中国历史上的名侦探呢？我相信这个名字一定会被提及：包青天。“开封有个包青天，铁面无私辨忠奸”，包拯、公孙策、展昭、王朝、马汉……这些熟悉的歌词和名字，有没有勾起你童年的回忆呢？

历史上的包拯是北宋名臣，百姓心中“正义”的代名词。他一生廉洁公正，不附权贵，铁面无私，英明决断，敢于替百姓申不平，故有“包青天”之名。要做到这个程度，包拯显然是深谙犯罪心理学之道的。

让我们来看看史料中真实记载的一个案子。当时，包拯在安徽天长县担任县令，也就是现在的县长。一天，一位农民来告状，说自己家里的牛无缘无故被人割去了舌头，他非常伤心，恳请包大人将凶手捉拿归案。按照当时的大宋律法，牛是耕家之本，是为百姓带来食物的宝贝，“如有盗割牛鼻、盗砍牛脚者，首处死，从减一等”。这就好比你省吃俭用好不容易买了辆宝马，结果没开几天方向盘就被人偷走了，你能不伤心吗？

那么是谁这么坏呢？包拯从犯罪动机角度对这个案子进行了分析：罪犯没有偷牛而只是割下了牛舌头，这显然不是为了钱财，很可能是一种报复行为，所以凶手应该是与该农民有旧怨。顺着这个思路出发，包拯判断，如果这个农民“犯了大错”，凶手必定会来告状，落井下石。

于是，包拯叫这名农民将牛宰杀（触犯了宋朝法律），在集市上大张旗鼓地叫卖。果不其然，没过多久，凶手真的前来告状，自投罗网。

不只是包拯，咱们中国古代的前贤先哲们早就对犯罪心理学展现出了浓厚的兴趣，也提出了许多有趣的观点。

荀子认为“人之性恶，其善者伪也”，人性具有“好利”“嫉恶”和“好声色”的特点。也就是说，荀子强调道德教育的必要性，否则，就会有追名逐利、相互仇视和骄奢淫逸的恶习产生而导致犯罪。

“饱暖思淫欲，饥寒起盗心”，这句大家耳熟能详的话出自明朝的儿童启蒙书籍《增广贤文》，它强调的是个人需求对犯罪心理的影响。管仲说：“民偷处而不事积聚，则囷仓空虚……攘夺、窃盗、残贼、进取之人起矣。”意思是说百姓不知礼节，社会也不富足，这个国家的犯罪行为就容易产生。这是从社会环境层面对犯罪成因进行了分析。

还有一些观点探讨了生理状况与犯罪心理的关系。比如汉宣帝提出的

“夫者老之人，发齿堕落，血气既衰，亦无暴逆之心。”年纪大的人因为身体衰退，他从事犯罪的可能性也小一些。现代犯罪心理学的一些研究发现，这一推论是颇有道理的。

让我们再来看《周礼》里的一段记载：“以五声听狱讼，求民情……一曰辞听，观其言出，不直则烦；二曰色听，观其颜色，不直则赧；三曰气听，观其气息，不直则喘；四曰耳听，观其听聆，不直则惑；五曰目听，观其顾视，不直则毛。”所谓五听法，就是指在侦察、审讯时要注意观察犯罪嫌疑人的语言、脸色、呼吸、听力和眼睛。如果他想掩饰罪行，其表现为：说话烦琐无要领，脸色羞愧发红，呼吸不匀发喘，听力不集中，犯迷糊，眼神游离闪躲。读者们，这个方法是不是像极了现在流行的微表情测谎呢？《周礼》对五听法的描述已经涉及侦查与审讯心理，有些技巧至今依然还会被警方所采用。

说到用犯罪心理学知识破案，南宋郑克编撰的《折狱龟鉴》中曾经收录过一个经典案例。

北宋著名学者陈襄任建州浦城知县时，有一个有钱人家遭到了盗窃，官府抓到一些嫌疑人却无法确定哪个才是真正的盗贼。聪明的陈襄想到了一个法子，他骗他们说：“这边庙里有一口钟，能辨别谁是盗贼，特别灵验。”他派人把那口钟抬到官署，要求这些嫌疑人：“大家都去摸这口钟，没偷东西的人摸它，这钟就不会响，偷了东西的人摸它，钟就会自动发出响声。”

随后，陈襄率领他的同僚，在钟前很恭敬地祈祷。祭祀完毕后，用帐子把钟围起来，暗地里让人用墨汁涂钟。待钟涂好以后，陈襄让嫌疑人一个个把手伸进帷帐里去摸钟，出来就检验他们的手，结果发现都有墨汁，只有一人手上干干净净。陈襄对这个人进行审讯，他很快就承认了自己的盗窃行为。

面对疑案，县令陈襄没有退缩，而是抓住了罪犯在犯罪后做贼心虚的心理特点，用一个巧妙的心理测验找出了真凶。问心无愧的人自然敢去摸钟，而真正的小偷出于害怕则不敢。为了使这个方法见成效，他还利用当时群众普遍存在的迷信心理，在事前大造气氛，举行隆重的祭祀仪式，更加剧了罪犯的焦虑与不安。

顺便一提，《折狱龟鉴》全书共 20 卷，收集古代各类案例 395 个，堪比柯南·道尔的《福尔摩斯探案集》，而且比《福尔摩斯探案集》要早了近 800 年。与此同时，每个故事后面都附有作者郑克的评论，也算得上是一本精彩的犯罪心理学教材了。

窥一斑而知全豹，中国古代的犯罪心理学思想可谓是相当丰富与多彩。这些飘荡在历史长河之上的，有关于人性与犯罪的文字，如今细细读来，依然令人拍案叫绝，感慨万端。

天生犯罪人

如果突然有人对你说“嘿，我发现你长得像个小偷”，你会有什么反应？爱理不理、一脸嫌弃还是反击回去？反正你肯定不会认为这句话有道理。但是，在 140 多年前的意大利，有个满脸大胡子的科学家真的就提出来这样一个离奇的理论，让我们看看他的著作《犯罪人论》当中的一段话：

“一般来说，盗窃犯的脸和手都明显的好动；眼睛小，总是在转动，常常是斜的；眉毛浓密，相互间靠得很近，鼻子弯曲或塌陷，胡子稀少，头发并不是很浓密，前额几乎总是很窄并后缩。”

看完之后有没有觉得很玄学？像不像街边 30 元钱一次帮你看相的算命先生？正是靠着这个看起来有点可笑的理论，他成了公认的“犯罪学之父”，同时也是犯罪心理学的先驱，把自己的名字永远留在了历史长河之中。他就是——切萨雷 · 龙勃罗梭。

1835 年，龙勃罗梭出生于意大利北部城市维罗纳的一个犹太家庭。

在他所处的时代，意大利正处于独立战争时期，在造就加里波第这种民族英雄的同时，也出现了许多罪犯。维莱拉正是这其中的“佼佼者”。

维莱拉是当时一个著名的土匪头目，类似于咱们《林海雪原》里的座山雕。他活动于意大利北部伦巴第大区，大家比较熟悉的时尚之都米兰就在这个大区。据记载，这个人行为残忍，冷酷无情，视人命如草芥，给当地人民带来了极大的恐慌。好在这个家伙还是被抓住了，并被关入位于米兰附近的帕维亚监狱。

1870 年，在命运齿轮的推动下，龙勃罗梭来到了帕维亚附近的一家精神病院担任院长。之前就一直致力于研究犯罪分子的龙勃罗梭颇有点“不务正业”，不好好待在精神病院，没事就往监狱里跑，对犯罪分子左测测，右量量，没事还一起聊聊天。正是在这里，他认识了维莱拉。两个人貌似聊得挺欢，维莱拉将自己的经历全都告诉了龙勃罗梭，还十分配合他的研究。

没过多久维莱拉在监狱里死去，龙勃罗梭对他的大脑进行了解剖。当时正值 11 月末，地处意大利北部的帕维亚气温特别低，但这并没能影响到龙勃罗梭做手术的双手。经验丰富的他有条不紊地切开了维莱拉的头颅。突然，他发现了一个有趣的现象，维莱拉的头盖骨上有一个中央枕骨窝，附近的小脑蚓部肥大，这都是在一些低等动物脑部才有的形态特征。

很多年以后，龙勃罗梭用这样的语言形容了这一历史性的时刻：“望着这奇怪的畸形，就好像是一个茫茫黑夜的迷津者，猛然间看到了一条光芒灿烂的道路。在我看来，犯罪者与犯罪真相的神秘帷幕终于被揭开，原因就在于原始人和低等动物的特征必然要在我们当代重新繁衍。”

从这个发现出发，龙勃罗梭又解剖和测量了大量的犯罪者。根据研究结果，他提出了自己惊世骇俗的理论——天生犯罪人。由于返祖现象的存在，人类中的一部分人一出生就带有一些原始人或者低等动物的特征。这使得他们在生理和心理上都与现代人不同，也必然与文明社会的道德、规范和习惯相冲突，进而导致了犯罪行为的产生。所以，在龙勃罗梭看来，罪犯的犯罪性是与生俱来的，犯罪者天生如此。

比如，他发现罪犯有一些共同特征：头部畸形偏小，下颚和颧骨较大，前额后缩，眼睛不对称，脸部犬齿窝这里的肌肉异常发达，发色比较暗淡，体重重于一般人。

显然，天生犯罪人理论一经提出，就遭到了大量的反对和讽刺。对龙勃罗梭做出最绝妙批评的要算是法国著名人类学家保罗·托皮纳德，他正是犯罪学这一名词的命名者。当看到龙勃罗梭书中搜集的有这些特征的罪犯画像时，他尖刻地挖苦说：“这些肖像看起来简直与龙勃罗梭的朋友们一模一样。”这个保罗老师不仅学问做得好，骂起人来也驾轻就熟，不带脏字啊。

但尽管如此，包括他的反对者们在内，没有一个人不承认，龙勃罗梭的理论在整个犯罪学科发展史上起到了巨大的推动作用。他对实证方法的开创，对生物因素的重视，启迪着越来越多后来者们沿着他的道路将犯罪心理学发扬光大。

值得一提的是，龙勃罗梭也是最早系统地研究文身的学者。这要缘于他 1859 年至 1863 年间在意大利军队中担任军医的经历，细心的他发现，有没有文身可以成为判断一个军人暴力倾向性的标志。于是他受到启发，开始着手研究犯罪人的文身情况。在他的统计中，他发现犯罪人中文身的比例高达 40%。

他还对一些有趣的文身进行了描述：“一位曾经蹲过很长时间监狱的人把全身都画满了，从肩膀和胳膊往下，直到性器官；图案中有森林、房屋、钟楼、教堂，并且在性器官上刺了一个姿态淫荡的女人。另一个臭名远扬的热那亚人身上刺着一条蛇，从脖子直画到尾骨，把整个躯干都缠绕起来……”图案这么复杂，我要是这两个人的文身师，一定得累死。

最后，龙勃罗梭给出了这样的定论，文身几乎可以看成是犯罪人的“职业特征”。这个发现似乎与我们中华文化有相通之处。在中国古代，脸上刺青是一种刑罚手段，也叫作黥面之刑。它本来是源于春秋时吴越的文身文化，后来演化成为一种对罪犯的惩罚。《宋史·刑法志》中就有记载：“凡犯盗，刺环于耳后：徒、流，方；杖，圆；三犯杖，移于面。径不过五分。”这是根据犯罪性质与情节轻重，对刺青的位置、形状和大小做了规定。在大家所熟悉的《水浒传》中，宋江、林冲、武松等人就是在犯事后，脸上被刺上了这样的印迹。

当然，现如今文身已经被赋予了更多的意义，成为一种弘扬信仰、祈求祝福或者追逐个性的手段，大家大可不必谈“文”色变。但不在公共场合露出文身，这在许多国家已形成共识，是一种文明礼貌的象征。

应时而生的犯罪心理学

元代文人关汉卿被称为“曲圣”，他在千古流传的作品《窦娥冤》中描述了这样一个故事：地痞流氓张驴儿觊觎寡妇窦娥美貌，企图霸占窦娥，见她不从便以毒死其婆婆来要挟，阴差阳错之下却将自己父亲害死。气急败坏的张驴儿诬告窦娥杀人，官府严刑逼讯婆媳二人。为救婆婆，窦娥不得已一人揽下罪行，最终被判斩首。在刑场上，窦娥指天为誓，死后六月飞雪，大旱三年，最后果然应验。据记载，此案改编自当时淮安地区的一件真实案件，在那个官场腐败的年代，类似这样的冤案屡见不鲜。

无独有偶，西方的中世纪末期，在文艺复兴开始蓬勃兴起的同时，一场针对女性的“猎巫运动”也在悄然而残酷地进行着。当时有一本流传颇广的由神职人员撰写的书籍《女巫之锤》，其内容主要是教授法官、女巫猎人如何识别女巫和巫术，比如打扮漂亮、体重过轻（方便飞起来）、不会流血和流泪等。显然，这些判断标准是滑稽且毫无道理的。但在那个时期，这本书就如《圣经》一样，受到了许多人的信奉，也导致了大

之后的十年，这个 F.P. 销声匿迹，仿佛已经厌倦了这无聊的把戏。

广东河源。

2003 年 10 月 29 日，这个日子同往常并没有太大的不同。河源广场的一家音像店一遍又一遍放着陈奕迅的《十年》；孩子们牵着的父母的手，笑嘻嘻地赶往市博物馆看恐龙化石；一对情侣第一次约会，看完电影后他们红着脸沿着东江散步。同样是这一天，20 岁的女孩黄敏在离市中心不远的东源县拦下了一辆摩托车……

女孩坐上了摩托车，颠簸的小路让她有些不舒服，但更不舒服的是摩托车手时不时投来的阴冷目光。行至顺天镇白沙路段时，摩托车手突然停了下来。短暂的沉默后，他开口要求与女孩发生性关系。在遭到拒绝后，摩托车手将女孩残忍杀害，并抢走了女孩身上的 100 多元现金。

从报纸上，或者从亲朋好友口中，人们纷纷得知了这起命案。大家惊讶着，感叹着，然后该听歌的听歌，该参观的参观，该约会的约会。太阳底下能有什么新鲜事呢？一条鲜活生命的逝去，并没有太过触动人们的神经。

美国纽约。

1955 年底，“该死，我发誓一定要抓住你，否则就把我洋基队的季票丢到哈德逊河去。”纽约警察局侦探长兼刑事实验室主任芬内气恼地将一份卷宗扔在桌上，上面写着几个大大的单词“炸弹狂魔”。

是的，F. P. 先生又回来了。从 1950 年到 1955 年的短短 5 年时间里，这位 F. P. 先生在纽约各地投放了 52 颗炸弹，炸响了其中 30 颗，死伤数十人。不仅如此，他还频繁地向报社投递信件，表达自己对爱迪生联合电力公司的憎恨和继续投放炸弹的意愿。

F. P. 的行为引起了纽约市民极大的不安，谁也不想吃着饭，散着步，看着歌剧，然后就莫名其妙地被炸弹给送上了天。公众呼吁纽约市警察局尽快将凶手捉拿归案，但一晃 5 年过去了，这个“炸弹狂魔”依然逍遥法外。

芬内探长疲劳地坐在座椅上，随手拿起桌上的美式咖啡。忽然，他的动作停止了，他想到了一个人，那可能是他最后的希望……

广东河源。

2006 年初，年轻女孩小丽正准备出门参加朋友聚会，却被满脸担忧的父亲给拦了下来：“这段时间别一个人出门，小心那个人！”

从 2003 年 10 月 29 日的那个夜晚开始，河源及其周边陆续有 9 名女性遇害，最小的 17 岁最大的 40 岁，其中 1 人还有孕在身。更可怕的是，受害者的尸体都遭到了恶意损毁，有的头颅被砸烂，有的阴唇被利器割掉，有的阴部被插入了长长的树枝、木棍或螺丝刀。凶手仿佛是地狱派来的恶魔，一时间，河源市谣言四起，人心惶惶。

河源市源城区公安分局局长赖昌彬已经好几个晚上睡不着觉了，对于刑警出身的他而言，自己的辖区出了这么大的命案却始终抓不到凶手，他觉得对不起信赖他的河源市民。命运总是这么奇妙，恰好这段时间，赖昌彬被选派到湖北警官学院参加全国公安局长培训班。在这里，他将遇到一个人，那可能是他最后的希望……

这两个人，一个是美国心理学家、精神科医生詹姆斯·布鲁塞尔，一个是心理学教授、武汉市公安局首席心理专家刘峰。从 1940 到 2003，从纽约到河源，穿越 63 年的光阴和 12000 多公里的距离，一项心理破案技术将两个人联系了起来——犯罪心理画像。

顾名思义，犯罪心理画像是给犯罪分子“画像”，但这“像”可不是外貌上的，而是对其心理及其行为特征的描述。用专业的定义就是，通过对犯罪现场痕迹的分析，对犯罪人的心理、行为等特征做出推断的一项侦查技术。

这看起来似乎是天方夜谭，通过犯罪现场的蛛丝马迹，你怎么就能知道这个人的性别、身材、性格、职业、习惯和成长环境呢？这就要从一个心理学的基础理论说起了。

你来到新朋友的家里，发现整整齐齐、一尘不染，那你一定会觉着这个人严谨细心，搞不好还有点洁癖；反过来也一样，如果一个人严谨仔细有洁癖，那他的家里大概率上讲是非常干净整洁的。这就是人类的心理与行为的相互对应关系，什么样的心理导致什么样的行为，什么样的行为反映出什么样的心理。布鲁塞尔博士自己的解释更为清晰：“心理医生通常根据某个人的性格特点等，去推测他在某种情况下的可能行为；而在给作案人画像时，不过是把这一过程变换了一下，通过作案人留下的行为痕迹去反推作案人的身份等个体特征。”

两个人各自做出了什么样的推论？这些推论准确吗？凶手被逮住了吗？让我们带着疑问，把时间继续拉回到1956年的纽约。

詹姆斯·布鲁塞尔博士仔细地一遍又一遍看着手上的卷宗，旁边坐着芬内探长和他的两个手下。他们大气都不敢出，生怕打扰了布鲁塞尔博士的思考，空气里只剩下翻动资料的沙沙声。随后，布鲁塞尔博士给出了犯罪心理学历史上经典的15+1条推论：

（1）男性。

（2）与爱迪生联合电力公司有过矛盾。

（3）年龄在 50 ~ 60 岁。

（4）受过良好教育，有高中或大学文凭。

（5）不胖不瘦，中等身材，体格匀称。

（6）遵守时间，兢兢业业。

（7）非美国本土居民。

（8）童年时受过心理创伤。

（9）独身，但是与年龄大的女性住在一起。

（10）有礼貌，注意仪表，衣着整齐。

（11）住在一个单独的院落。

（12）斯拉夫裔。

（13）天主教徒。

（14）住在康涅狄格州的布里奇波特。

（15）患心血管方面的慢性疾病。

拿着布鲁塞尔博士给的这 15 条推论，令芬内探长一行满是惊诧，同时也将信将疑。就在他们离去之际，布鲁塞尔博士突然又补充了一条，而这也成为整个故事最令人津津乐道的地方——当你们抓住他时，他一定会穿着一件双排纽扣的西装，纽扣扣得整整齐齐。

1957 年初的一天，爱迪生联合电力公司的一名女职员在查阅档案时注意到了一个人。当她把相关资料交给警方时，纽约警方居然发现，这个人与布鲁塞尔博士的推论高度吻合。乔治·梅特斯基，54 岁，未婚，波兰裔，身高 1.75 米，体重 74 公斤，与两位姐姐住在康涅狄格州的一栋独立住宅里，1934 年因纠纷被爱迪生公司辞退，做事有序规范，待人彬彬有礼，但习惯独来独往，没有朋友，患有慢性疾病。

1 月 22 日，当 4 名警察来到梅特斯基家中时，梅特斯基似乎早就预料到了这一天的到来，他很快就承认了自己的罪行。随警方离去之时，他请求回卧室换掉身上的睡衣，当他再度出现时，他头发上满是发蜡，皮鞋擦得锃亮，身上穿着一件蓝色的双排纽扣西装，上面的扣子一个不漏扣得严严实实。

这一天，“炸弹狂魔”被捕了，纽约市民都松了一口气；同样是这一天，布鲁塞尔博士的破案方法得到了最有效的认可。至此，犯罪心理画像这门技术开始正式走上历史舞台。

2006 年的湖北武汉，心理专家刘峰接过了这个接力棒。在刘峰的犯罪心理学课程授课结束后，赖昌彬立马找到刘峰，将河源市连环杀人案的来龙去脉说了一遍。在得到河源警方的详细案卷资料后，刘峰给凶手做出了以下描述：

（1）27 ~ 34 岁之间，身高 1.68 ~ 1.73 米，瘦、黑。

（2）无正当职业，开摩的或在娱乐场所打工。

（3）初中或高中文化，智商一般，长相不好。

（4）有两个居住点，应为坐南朝北，南面有水，北边有山，居住地有不利于心理健康的建筑（庙、坟、残留建筑）。

（5）有性功能障碍，或受情感打击后的性变态。

（6）性格内向、不交友、无爱好。

（7）牙齿不整齐，小腿受过伤。

刘峰的心理画像为河源警方的侦查提供了明确的方向。2004 年 2 月，警方在一起伤害案件中找到了嫌疑人张友添，发现他像极了刘峰描述的那个人。经过几天的紧张审讯，张友添终于交代了自己的全部罪行，河源市连续杀人案件就此告破。

张友添的相关信息这里就不再赘述，但是有几点值得一提。16 岁外出打工时，张友添曾被一位 50 多岁的果场老板娘引诱发生性关系，并遭到工友们的嘲笑；20 岁时，他的第一任妻子在吵架后带着孩子从此消失；幼年时他家附近有座破庙，张友添曾经跑进破庙看到尸骨并受到惊吓；他右腿上有被摩托车的排气管烫伤造成的伤疤。这些经历都与刘峰的推断高度吻合。

2007 年 1 月 8 日，张友添被判处死刑，被害者们的冤灵终于得到告慰。据介绍，检察机关起诉张友添的材料足足装了 10 大皮包，各种现场证据装了近 10 个大纸箱。

莎士比亚说："真相终将大白于天下，秘密不可长久隐藏。"犯罪心理画像正是这样一门神奇的破案技术，一代又一代的犯罪心理画像师将其传承与发扬，一个又一个穷凶极恶的罪犯被绳之以法……

在这个与邪恶斗争的舞台上，它顺藤摸瓜，抽丝剥茧，找到血腥背后隐藏的一个个真相；它挥毫泼墨，笔下生花，勾勒出了人类思维与想象力的美丽画卷。

归纳法与演绎法

看完这两个经典的案子，读者可能会问了：原理我是明白了，可具体怎么推理出来的我还是一头雾水啊？别急别急，接下来我就给大家来好好解释。

先让我们来学习两个推理的基本方法：归纳法和演绎法。

归纳法，指的是从部分对象的规律出发，形成适用于所有对象的一般性规律。比如：

已知1：在大多数连环杀人案中，凶手都是白人。

已知2：现在发生了一起连环杀人案。

结论：这起连环杀人案的凶手是白人。

演绎法，指的是从适用于所有对象的一般性规律出发，得到某个具体对象的规律。比如：

已知 1：所有汽车碾过泥土都留下车轮印。

已知 2：这起案件中，抛尸地点人迹罕至，却留下了车轮印。

结论：凶手是驾车抛尸。

怎么样？理解这两种推理方法的特点了吗？一个是从个别到一般，一个是从一般到个别。正是以这两种推理方法为基础，发展出了现在最为流行的两种犯罪心理画像流派——FBI 犯罪调查法和行为证据分析法。

先来看看 FBI 犯罪调查法。

在美国维吉尼亚州的威廉王子县，有一个叫作匡提科的小镇。这个小镇看起来平平无奇，常住人口一千人都不到，但著名的美国联邦调查局（FBI）的警察训练学院就开设在这里。这个训练学院主要是面向全美警察进行业务培训，有点类似于咱们中国人民公安大学、中国刑事警察学院的在职培训职能。

1977 年，一个名叫约翰·道格拉斯的人调入了学院的行为科学科，该部门的主要任务是教学。当时的美国，正处于连环杀人犯罪和严重暴力犯罪频发的时期，道格拉斯不愿意再“纸上谈兵”，十分渴望找到一条简单有效、可操作性强的破案方法。

在行为科学科，当道格拉斯把他的想法告诉上司罗伯特·雷斯勒时，俩人一拍即合，立刻着手开始了研究。他们跑到美国各地监狱，访谈了在押的各类重刑犯。从大量的访谈资料中，他们系统地总结出了一套犯罪心理画像法——FBI 犯罪调查法。

FBI 犯罪调查法的核心是“两分法”。根据犯罪现场的特点，可以把案件分为有组织型犯罪和无组织型犯罪。有组织型犯罪意味犯罪分子是有预谋的，作案对象是符合凶手标准的陌生人；无组织型犯罪意味着犯罪分子是临时起意，他们很可能熟悉犯罪现场或者认识被害人。其犯罪现场的各自特点如下：

有组织型犯罪现场	无组织型犯罪现场
提前有计划	突发性的
被害者是被锁定为目标的陌生人	熟悉犯罪现场或被害者
在谈话中占主导	很少谈话
处理过犯罪现场	犯罪现场凌乱
要求被害者绝对服从	对被害者突然施暴
被害者死前被攻击	被害者死后可能被性侵
尸体被隐藏或处理	尸体在可见处
被害者或尸体被转移过	尸体留在第一现场
武器或证据缺失	武器或证据通常遗留在现场

区分出有组织型犯罪和无组织型犯罪，这对于破案又有什么作用呢？罗伯特·雷斯勒和约翰·道格拉斯指出，这两种类型案件的犯罪人，他们具有各自不同的心理和行为特点。具体来说如下：

有组织型犯罪人的特点	无组织型犯罪人的特点
智商中等或以上	智商较低
有不错的社交能力	社交能力很差
大多从事技术性工作	无工作或工作不稳定
独生子或排行靠前	在家中排行较小
父亲有稳定的工作	父亲没有稳定的工作
父母亲的教养方式有冲突	在小时候被严厉管教
犯罪时能控制自己的情绪	犯罪时会觉得焦虑
喜欢喝酒	很少饮酒
和别人一起生活	一人独居
有自己的汽车，流动性强	活动区域离犯罪现场很近
关注媒体报道	不关心媒体报道
犯罪后可能改变工作或居所	犯罪后会大幅改变自己的行为

当然，这个“两分法”只是FBI犯罪调查法的基础内容。在此基础上，罗伯特·雷斯勒和约翰·道格拉斯还找到了其他一些规律，比如有组织型犯罪人通常会拥有自己专门的作案工具，随着作案次数的增加手段会

越来越熟练，有些人还会每次都带走现场的物品或者受害人的肢体，作为他们的“战利品”。

按照他们提出的方法，只要警方根据犯罪现场的特征判断其犯罪类型，就能对犯罪人的心理和行为特点做出初步的推测了。然而，虽然两个人获得了FBI当局的大力支持，但警方对他们的方法还是持怀疑态度，直到1979年10月的一天。

那是一个阴天的下午，在美国纽约市布朗克斯区的一栋大楼楼顶，一名年轻的女性弗朗辛·艾尔弗森被奸杀。凶手用女孩钱包上的绳子将其勒死并肢解。女孩脸上有被殴打的伤痕，内裤被脱下盖在了她的脸上，耳环被取下放在了头部的两侧。此外，犯罪现场还留有凶手的粪便。

经过一个月的调查，当地警方始终一筹莫展，他们决定求助于FBI。显然，这个案件更符合无组织型犯罪的特点。结合案件的具体情况，道格拉斯给出了这样的推断：凶手是白人男性，年龄在25到35岁之间，在附近居住，看上去很邋遢，很可能认识被害人，没有工作或在深夜工作，没有汽车或驾照，存在精神方面疾病（长期），家里有大量的色情物品。

道格拉斯的推理给了警方新的希望，他们发现之前调查过的一个人与此描述惊人的相似，那个人叫作卡拉布罗。经过详细调查，他们在卡拉布罗身上发现了受害女孩反抗时的咬痕，最终证明了其罪行。

对此，当时警方的案件负责人是这样形容的：“FBI 对凶手的描述是如此精准，以至于我后来还问过他们，为什么不直接给我们他的电话号码。”虽然这是一句玩笑话，但是也从侧面反映了警方对 FBI 犯罪调查法的认可。至此，全美各地的警方都开始把各种疑难案件送到了匡提科小镇，FBI 犯罪调查法开始大展拳脚。

讲完了 FBI 犯罪调查法，让我们再来看看行为证据分析法，这是我国警方更喜欢采用的一种方法。

行为证据分析法强调对现场证据进行全面的收集和分析，然后通过演绎法进行心理画像。这些证据可以分为三个方面：刑事科学证据，如脚印、指纹、DNA 等；犯罪现场特征，如现场进入方式、攻击方式、作案工具等；被害人的特征，如生理特征、生活方式、人际关系等。

举两个例子吧。

2006 年冬天，安徽宿州东郊路的路边，有村民发现了三只红色箱包，里面装着一名被分尸的女性尸体，尸体的两个乳房和阴部都被切掉。警方发现，凶手切割乳房的手法很有特点，伤口呈现顺滑的曲线，没有停顿刀。这说明什么呢?

大家应该都有过削苹果皮的经历。刚开始削的时候因为不太熟练，经常会停下来，而且切口是直线居多；待到你削得多了有经验了，就可以沿着一条圆弧一气呵成地削下果皮。这个案件也是类似的道理，警方认定，凶手应该具备相当熟练的解剖技能，很可能担任过厨师或者医生。后来将凶手抓获时，发现他果然做过厨师。

2003 年的郑州，一位 5 岁的男孩遭到了绑架。绑架者给其父亲手机发了这样一条短信："不药用保经来下雄的门港处来结电生活非的雄门海美那到前不向侃于司望破的局面你孩子一定安全。"看到这样一条短信，你会想到什么呢?

也许你会说，绑架者一定脑子有问题或者没什么文化。但再仔细一看你就会发现，这段话其实是说："不要用报警来吓兄弟们，刚出来，借点生活费。弟兄们还没拿到钱，不想看鱼死网破的局面，你孩子一定安全。"整段话拼音非常准确，这说明绑架者文化程度不低，性格十分谨慎。果不其然，最后抓到凶手时，发现他是一家大型银行分行的主任。

当然，犯罪心理画像绝不只是单纯的归纳法或演绎法那么简单，也不可能是百分百正确的万能之法。它非常依赖画像师本身的经验、智力和知识储备。通常的情况是，画像师们会把归纳法和演绎法相结合，通过对犯罪信息的全面收集，同时借助生物学、医学、地理学、侦查学、统计学和刑事科学技术等多种学科来寻找破案线索。“大胆假设，小心求证”，这段话可以说是对犯罪心理画像方法的最好概括。

凶手就在这里！

远抛近埋，这是中国刑侦人员都知道的一句话。意思是说，地理因素会影响罪犯对尸体的处理方式。如果是抛尸，说明罪犯的容身地（居住地或主要活动地）离这里较远，所以不害怕尸体被发现；如果是埋尸，说明罪犯的容身地离这里较近，害怕尸体被发现后暴露自己。

从这四个字我们不难看出，将地理学与心理学相结合，从地理因素研究罪犯的心理与行为特点，这是一条行之有效的侦查途径。当然，犯罪心理学家们早已将研究重点放到了这个领域，并取得了不少成果。

先让我们来看一个案子。

21 世纪初，祖国各地一片欣欣向荣的景象。但在河南、河北、山东、安徽四省，人民群众在憧憬着美好未来的同时，内心却始终有一块阴影挥之不去。

2000 年 9 月，在河南周口市川汇区北郊乡郭庄村，70 多岁的村民杨培民、善兰英夫妇被残忍地杀害。起初，警方以为这只是一起普通的命案。但不到 1 个月的时间，在阜阳市颍州区王店镇肖营村又有一家三口被杀害，其中一名年仅 12 岁女孩死后被强奸。

这一切还只是刚开始，从 2000 年 9 月起到 2003 年 8 月，短短三年时间，这个亡命凶徒横跨四省，疯狂作案 26 起，杀死 67 人，伤 10 人，强奸 23 人，其中更是不乏一些灭门惨案。

凶手的活动区域从河南南部的周口、漯河、驻马店一带扩大到中部的开封、许昌、平顶山，然后跨过省界进入安徽、山东、河北。他将目标锁定为农村居民，通常是在半夜入室行凶，用锤子将被害者杀害，并时常伴有奸尸行为。由于凶手反侦查能力极强，行为隐蔽，几乎没有留下任何痕迹，导致警方一直束手无策。一时间谣言四起，人心惶惶。

对此，公安部高度重视，将其列为 2003 年 1 号挂牌督办案件。在这样的背景下，中国人民公安大学犯罪心理学教授、著名的犯罪心理画像专家李玫瑾参与到了此案的侦破当中。在详细查看了这些案件的地理位置之后，李玫瑾指着地图上一块区域说："凶手很可能就是来自这里。"

李玫瑾到底指的是哪个地方？警方有没有找到那个杀人狂魔呢？容我先卖一个关子。通过对各种罪犯犯罪地点的调查与研究，学者们发现了两条基本原则。

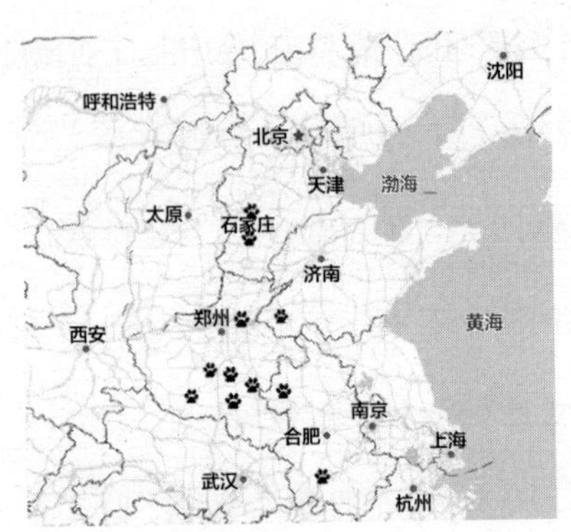

图1　凶手作案的轨迹图（来源：谢晴）

第一，最小努力原则：在多个潜在的作案地点之中，犯罪人会选择最近最方便的一个。

第二，距离消减原则：作案地点不会离犯罪人的容身地太近，存在一个缓冲区，因为太近容易暴露身份；作案地点也不会离犯罪人的容身地太远，因为犯罪人不熟悉环境，容易失败。

从这两个基本的原则出发，学者们提出了许多犯罪地理画像规律，这些规律可以对连环暴力犯罪人的行动规律做出地理上的描述，进而帮助警方找到其可能的容身地或下一个作案地点。在这里介绍其中比较常见的三种理论。

理论一：对于作案区域稳定的犯罪人而言，如果他在N个不同的地方作案，那么他的容身地很可能是在 N 个点所围成区域的中心附近。

现在，让我们重新回到上面那个案子。虽然凶手横跨四省，但其作案轨迹其实是比较稳定且集中的，如图 2 所示。利用理论一，我们将作案地点连接起来，然后找到所围区域的中心点，而这个中心点很可能就是凶手的容身地。

李玫瑾指的这个地方，正是河南周口、漯河和驻马店一带。天网恢恢，2003 年 11 月 3 日，这个新中国历史上最臭名昭著的连环杀人犯杨新海终于在河北沧州被抓获，而他的家乡，正是驻马店正阳县的一个小乡村。

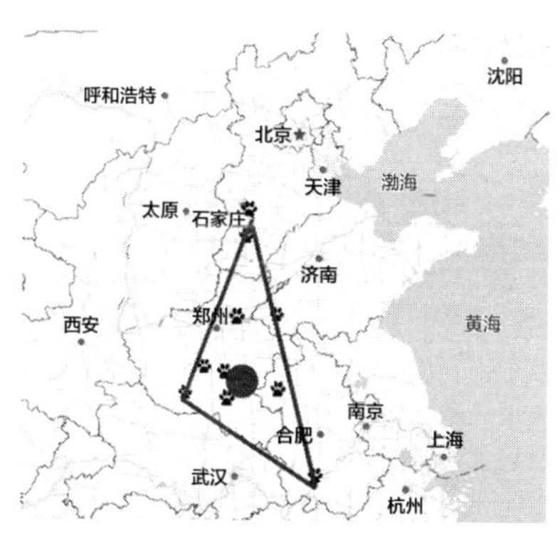

图 2　对作案轨迹图的分析（来源：谢晴）

理论二：对于流窜型犯罪人而言，如果他在 N 个不同的地方作案，那么作案距离很可能会随着作案次数的增加而增加。

周克华的案子相信还有不少人记得。从2004年到2012年，周克华在重庆、长沙、南京作案10起，杀死11人，抢走现金50余万元。2012年8月14日，周克华在老家重庆沙坪坝被警方击毙。让我们依据时间脉络来看看他的作案轨迹：

2004年4月22日，重庆

2005年5月16日，重庆

（2006年2月21日，因非法运输枪支入狱3年）

2009年3月19日，长沙

2009年12月4日，长沙

2010年10月25日，长沙

2011年6月28日，长沙

2012年1月6日，南京

2012年8月10日，重庆

从这个作案轨迹来看，周克华的作案规律十分符合理论二的描述——由近及远。为什么会这样呢？从客观因素来看，是因为开始作案后，警方肯定会加强对这些地区的监视和排查，再次作案变得不那么容易了。凶手只能去往更远的地方寻找目标。从主观因素上来看，在一次又一次得手后，凶手会变得愈发自信和大胆，他渴望去更远的地方寻找挑战。

理论三：犯罪人选择的作案地点，通常是他熟悉或有安全感的地方。

养过小狗的朋友都知道，遛狗时小狗会选择一些地方撒尿，这是它划分自己“领地”的一种方式。人本质上也是一种动物，不管他自己有没有意识到，犯罪人在作案地点的选择上也体现出这样的特点，即趋向于选择在自己的“安全区”或类似环境的地方。正如著名犯罪心理学家大卫·坎特所说：“犯罪人的行为依然没有走出他们的日常经验、习惯以及对外界的理解和认识。”

杨新海和周克华的案子也体现了这样的特点。杨新海的作案地点全部是偏远的乡镇和农村，这是因为他自己就出身于农村。他熟悉农村的地理环境和风土人情，这一切能给他安全感，作案也更容易成功；周克华在最后一次作案时选择回到重庆沙坪坝，这里正是他的出生地。2012 年初在南京作案后不久，公安部专案组已经确定了他的身份，在全国布下了天罗地网。在这样的情况下，他选择回到家乡，因为他熟悉那里的地形，也有更多的人脉，这些条件有利于他逃脱。

以上三个理论，只是犯罪地理画像研究的“冰山一角”。因为其对犯罪人地理行为规律的预测有效性，如今这个领域已经成为犯罪心理学的热门领域之一，甚至有不少辅助性的计算机程序被开发出来，让犯罪人更加无所遁形。

2003 年 11 月 27 日上午，在安徽省阜阳市的一个村庄里，空旷的田野上响起一阵阵鞭炮声。不是哪家在办喜事，也不是哪家准备砌新房子，而是警方来此进行回访。警察们放了四挂鞭炮，他们想用这一声声清脆的炮响告诉村民：在这里杀了三个人的凶手叫杨新海，现在这个案子破啦，凶手被抓住啦。请死者瞑目，生者安心。

布鲁塞尔和刘峰的“秘密”

现在，您已经对犯罪心理画像的方法有了一个基本了解了，是时候揭开布鲁塞尔和刘峰的“秘密”了。

布鲁塞尔的推理

首先，爆炸案件绝大多数都是男性所为，所以本案的凶手极有可能是**男性**。他应该**住在一个单独的院落**，这样才有利于制作炸弹而不被发现。

其次，作者在恐吓信中将矛头直指爱迪生联合电力公司。这显然说明**他与该公司有过矛盾**。

爆炸案历时 16 年，仇恨能够持续这么久，而且扩大到对整个社会的不满，这种长期的、自我中心的认知是偏执狂的典型特征。布鲁塞尔博士根据自己的经验发现，偏执狂的症状会有潜伏期，一般在 35 岁左右达到顶峰，那应该是凶手第一次作案时的年龄。现在已经过去了 16 年，凶手现在应该是**50～60岁之间**。

同时，有研究表明偏执狂85%都是类似运动员的身材，而且对自己的行为和衣着相当注意，所以凶手应该是**不胖不瘦，中等身材，体格匀称；有礼貌，注意仪表，衣着整齐**。

凶手在恐吓信中还一再表示自己是个病人，什么病症可以持续这么久呢？布鲁塞尔博士根据当时的医疗条件指出，很可能是**心血管方面的慢性疾病**。

再次，从清秀工整的字体、通顺的语句和干净的信纸来看，凶手应该**受过良好教育，拥有高中或大学文凭**，而且工作态度不错，**遵守时间，兢兢业业**。

恐吓信中没有使用美国传统的表达或俚语，例如，他把爱迪生公司写成“Society Edison”，而不是美国人常用的缩写“Cons. ED”。这说明凶手很可能是**移民**。

在移民之中，因为民族文化的不同，常用的报复手段各不一样。地中海沿岸习惯用匕首（黑手党），北欧人习惯用绞索（海盗），而只有东欧的斯拉夫人习惯用炸弹。所以凶手很可能是**斯拉夫裔**。斯拉夫裔大多数是天主教徒，加上凶手严谨的性格，他是**天主教徒**的可能性极大。

这些恐吓信不是在纽约就是在韦斯特斯特投寄，罪犯的住所可能是在两地之间，而**布里奇波特**正是两地间最集中的斯拉夫人居住地。

还有两点很富有趣味。

连续的爆炸行为意味着凶手有强烈的反社会、反权威的倾向。这种倾向来自哪里呢？心理学研究表明，有这种特质的人**童年应该有过创伤**，很可能是母亲或自身遭到过父亲的虐待。对于孩子而言，父亲正是权威的象征。

我们前面提过，凶手的恐吓信中每个字母都写得很工整，但布鲁塞尔博士发现，其中有一个字母显得很奇怪，这个字母就是 W。

W　　ω

图 3　正常的 W 与凶手写的 W 对比图（来源：谢晴）

为什么凶手的 W 会写成这样呢？这时候就要谈谈弗洛伊德的精神分析学派了。老弗的这个学派提出，人类会把平时生活中被压抑的欲望，用其他可以接受的方式表达出来。日有所思，夜有所梦，说的就是这个意思。

布鲁塞尔博士认为，这个圆弧性的 W 象征着女性的乳房或者屁股，这意味着凶手有强烈的性欲但无法发泄，只能通过这种奇怪的书写方式获得一定的释放。因此，布鲁塞尔推测，凶手很可能**一直是单身，而且长期与女性亲属住在一起**，这个女性亲属经常会唤起他对性的渴望。

最后，为什么凶手就一定会穿着双排纽扣的西装呢？其实这也很好理解，假设现在有一个人年纪 50 多岁，作风老派严谨，不喜欢新事物，在乎自己形象，那么他出席会议时会穿什么衣服呢？很可能是中山装。布鲁塞尔博士的推理也是类似的思路，而在当时，**双排纽扣的西装**正是最传统的一种男性服装款式。

刘峰的推理

刘峰教授另辟蹊径，他将西方的犯罪心理画像理论与传统中医、易经风水、物理学、生物学等学说相结合，开创出了极具中国特色的画像方法。对此，他自己有一句经典的概括："极端的犯罪行为背后，往往是极端的犯罪心理，这意味着所有不好的因素都可能发生在这个人身上。"

接下来，让我们看看刘峰对张友添案件的推理。

从统计数据来看，大多数连环杀人犯都**身高不高，瘦、黑**，刘峰表示，这样体型的人暴力倾向会强一些。

从作案时间来看，凶手作案时间多在深夜，所以应该**无正当职业，可能是开摩的或在娱乐场所打工**。

从作案现场来看，犯罪现场凌乱，且多在户外，属于临时起意的犯罪（无组织型犯罪），这说明凶手很可能**文化程度不高，智商一般，长相不好**。

从作案手段来看，大多数受害女性的性器官都遭到残忍破坏，这意味着凶手对女性有强烈的仇恨。所以他很可能是**遭受过情感打击或者因性功能障碍被嘲笑，进而导致性变态**。这么强烈的攻击欲，意味着凶手应该也正处于性成熟期，所以刘峰推测是 **27 ～ 34 岁之间**。

从作案地点来看，显示出两个主要活动区域，所以凶手很可能有**两个居住点**。

按《易经》的理论来讲，**住宅坐南朝北（一般比较推崇坐北朝南），南面有水，北边有山，周围有庙、坟、残留建筑（易令人受到惊吓）**，这些情况都不利于居住者的心理健康。

从面相学来看，**牙齿参差不齐**的人，一般来说性情暴躁、容易冲动。凶手很可能也具备这样的特征。

从人际关系看，凶手很可能**性格内向、不交友、无爱好**，这样就导致其内心的压力与愤怒没有发泄渠道，更容易积压。

从中医理论来看，小腿有一个叫作三阴交的穴位，是人的阴极点。性变态的人通常是肾中有火，阳气过剩，所以刘峰判断凶手**腿部这里应该受过伤**。

需要指出的是，刘峰教授强调，这些理论是他融合了多种学科并根据自己多年的基层实践经验总结出来的，供大家参考，辩证理解，而且千万不要反推。也就是说，你可不要看到一个人个子不高、瘦、黑、牙齿不整齐、右腿受过伤，你就说这个人肯定是个杀人犯。

对于犯罪心理画像，有人赞它神奇，有人对它质疑。是的，它不是绝对正确，但经常能在案件走入死胡同时另辟蹊径，给出侦查线索；它不能作为刑事司法证据，却在许多疑难的连环暴力案件中大发神威，指明侦查方向。它的确称得起“神奇”二字，因为它是人类思维和科学的完美融合，同时也用一个个锒铛入狱的罪犯向世人证明，正义也许会迟到，但它绝不会缺席。

Chapter 3

×

你的长相出卖了你的心？

生理因素与犯罪心理

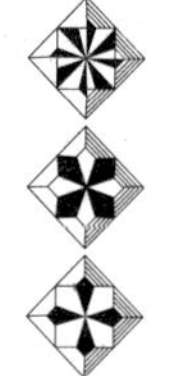

鹰视虎步，专功擅杀之性，不可亲也。

——《吴越春秋》

是什么学说让英国女王维多利亚、作家狄更斯以及哲学家黑格尔都趋之若鹜？相面术有科学依据吗？

两个家族的“百年恩怨”要从何说起？超级男性、战士基因真的存在吗？

得克萨斯钟楼狙击手为何会疯狂射击路人？特警（SWAT）这一特殊警种是如何诞生的？

“红衣杀手”的故事给了我们什么启示？测谎仪的原理到底是什么？

这一切，你都可以在下面找到答案，本章将为大家揭露生理因素与犯罪心理之间的奇妙关系。

相面术与颅相说

从外貌来判断人的好坏善恶，中国自古有之，称作相面术。《礼记》中曾经记载："凡视上于面则傲，下于带则忧，倾则奸。"意思是说，一个人的眼睛如果经常斜视游移，说明他内心奸诈不正。在《史记·越王勾践世家》中，范蠡是这样形容越王的："长颈鸟喙，可与共患难，不可与共乐。"意思是说，越王脖颈长，嘴长得像鸟喙，这样的人寡情多疑，要多提防。中国民间流传的相术书《麻衣神相》对此有更系统的论述，"目如卧弓，其人必是奸雄""露脊准头是鹰嘴鼻者十恶不赦之人""两唇不合皱纹侵乱，此人心狠运差"……

在西方，关于外貌和犯罪心理关系的论述也很多，苏格拉底就曾说过："凡面黑者，大都有为恶之倾向。"这其中，影响力最大、流传最广的当数颅相说。

18 世纪末的一天，奥地利维也纳的大街上人来人往，一幅热闹景象。突然，不知道谁大喊了一声："加尔医生来啦，快跑！"，就见偌大的一个街道，瞬间人去街空。加尔医生到底何许人也？是穷凶极恶的罪犯吗？非也非也。加尔只是当地一名普普通通的医生，但他有一个奇怪的嗜好“摸头杀”。但凡碰到一个人，加尔说的第一句话就是：“能让我摸摸你的脑袋吗？”

就这样，通过收集形形色色的人士头颅的数据，加尔提出了一个理论。他发现，一个人的智力、性格、道德感和犯罪倾向等与他的头颅形状有关。他把人类的大脑分为 30 多个区域，每个区域负责的功能是不一样的，有的负责智力，有的负责仁慈，有的负责破坏，有的负责贪婪……通过触摸头盖骨的形状和尺寸，就能知道这个人大脑不同区域的发展情况，进而了解的他的心理状况。

从这个理论出发，如果谁的大脑在与犯罪有关的区域头骨比较发达，那这个人就很可能会犯下相应罪行。比如，额头中间是贪婪区，额头隆起的人是小偷的可能性很大；双耳上方的脑区是破坏区，这块隆起的人是暴力犯的可能性很大。

“墙里开花墙外香”，虽说颅相说遭到了奥地利当局的反对，加尔也被迫背井离乡，但在英国、法国、美国等地，他的学说大受欢迎，成为人人皆知的“IP+ 流量”理论。据记载，美国当时出现了不少追热点的所谓“颅相学家”，宣称可以治愈各种身心疾病。

当然，颅相说的流行主要归功于加尔找了一个好徒弟——施普茨海姆。施普茨海姆算不上一个好医生，也不是一个好学者，因为他把自己的全部精力放在了颅相说的推销上。换个更容易理解的表达就是，他是个“大忽悠”。

首先，他到处搞演讲和培训。他告诉人们，通过颅相说可以知道每个人的性格特点和缺陷，接着施以有针对性的训练，就可以达到完美的性格。比如说，发现你有点害羞，那就做点训练让你更外向；发现你思维死板，那就做点训练让你更有创造力。什么，你问我具体要怎么训练？交钱吧！

然后，他还到处搞巡回演出，做各种各样“神奇”的实验。比如说，施普茨海姆会随机挑选一些被试者，然后拿磁铁从他脑部各个区域通过。当磁铁经过崇拜区时，被试者会立刻眼带星星，对他露出崇拜的神色，当磁铁经过贪婪区时，被试者会偷偷去掏施普茨海姆的口袋。当然，这些所谓的被试者都是施普茨海姆找来的托儿，整个实验不过是个虚假的秀。

从现在科学的视角来看，这个理论显然是有失偏颇的。但不管怎样，从 18 世纪末加尔提出颅相说开始一直到 19 世纪末，这个理论实实在在地流行了近一百年，也在世界各地拥有了大量的拥趸。这其中包括了大家熟悉的英国女王维多利亚、英国作家狄更斯、德国哲学家黑格尔、美国女作家夏洛蒂·勃朗特等。龙勃罗梭自己也表示，天生犯罪人理论受到了颅相说的启发。

当然，别忘了我们的老熟人柯南·道尔。他在《巴斯克维尔的猎犬》一文中借福尔摩斯的死敌莫里亚蒂教授之口写道："你使我产生很大的兴趣，福尔摩斯先生，真想不到能眼见你有如此的长颅骨，眼眶也长得真够标准。我用手摸一摸你的顶骨沟，你介意吗，先生？你的颅骨，在未得到实物之前，做成石膏模型，给人类学博物馆送去，一定是件稀有标本……"

历史的车轮滚滚向前，颅相说也好，天生犯罪人理论也罢，都因为被证明是伪科学而渐渐被人们所抛弃。一个人的外貌，显然不能决定他是否会成为一个罪犯。两者绝不是因果关系。然而，随着科学技术的不断发展，后来的研究者们沿着加尔和龙勃罗梭走过的道路出发，找到了越来越多生理因素与犯罪心理有关的证据。

犯罪家族、超级男性与战士基因

1703年，一个名叫乔纳森·爱德华兹的男孩在北美殖民地的康涅狄格州出生。爱德华兹勤勉上进，严于律己。他充满了对知识的渴望，从小就开始学习拉丁语、希腊语和希伯来语，阅读了大量书籍。21岁时，他在日记中写道："要尽可能地节制饮食，吃那些让我好消化的东西，这样我可以更好地思考，也会节省时间。"

17年后，也就是1720年，一个名叫马克思·朱克的男孩在纽约市附近的小镇出生。朱克懒惰随性，不求上进。他不喜欢读书，也不喜欢工作，喝酒与赌博是他的爱好，他还擅长讲各种段子并乐此不疲。21岁时，他经常做的事情就是躺在家里，一睡就是一整天。

这两个人，一个后来成为著名的神学家，推动了北美殖民地的"大觉醒运动"；另一个则一事无成，在贫困潦倒中度过了余生。命运有时候就是这么神奇，两个人从不相识，也没有过交集，却在机缘巧合下被联系在一起，成为学术界经常引用的经典案例。

让我们再把时间的指针拨到1874年。一位名叫理查德·达格代尔的学者被美国纽约监狱委员会委派去访问关押在那里的罪犯。在这次访问中，他惊奇地发现，有6个互不认识的罪犯竟然拥有相同的先祖——上文提到的马克思·朱克。进一步的追踪研究发现，来自这个家族的1200名成员中，有310名乞丐、50名妓女、7名杀人犯、60名小偷、130人被关进监狱、400多人因为酗酒、赌博、争斗等各种原因遭遇不测。这就是犯罪心理学历史上著名的犯罪家族——朱克家族。

就在达格代尔发表他的研究后不久，另一位学者温希普则把自己的目光投向了乔纳森·爱德华兹及其后代。他做了和达格代尔类似的研究，得到了这样的数据：爱德华兹家族1394名成员中，有100多位律师、30位法官、13位大学校长、65位教授、60位医生、100多位传教士、60位作家、75位部队军官，有80人被选举为公职人员，包括3位市长、3位州长、3位参议员和1位副总统。

我国民间有句俗语："龙生龙，凤生凤，老鼠的儿子会打洞。"朱克家族和爱德华兹家族，这个极富对比性的传奇故事也给我们提出了同样一个问题：遗传对于一个人的影响到底有多大？

1929年，德国精神病学家朗格做了一个很有趣的调查。他调查了两类群体：同卵双胞胎和异卵双胞胎。从遗传的角度来看，同卵双胞胎的遗传物质是完全相同的，异卵双胞胎则不然。朗格设想，如果遗传会影响一个人是否犯罪，那么与异卵双胞胎相比，同卵双胞胎中两个人都是罪犯的比例应该更高。调查结果果然验证了朗格的假设，同卵双胞胎中犯罪一致率达到了 77%，远远高于异卵双胞胎的 12%。对此朗格是这样描述的：犯罪是命中注定的，是遗传的产物。

随着科学技术尤其是基因技术的不断发展，关于遗传与犯罪的研究越来越丰富，其中最有名的莫过于“超级男性”和“战士基因”的发现。

20 世纪 60 年代，一股阴霾笼罩在了美国芝加哥市民的心头。一个盛夏的夜晚，一名恶徒在夜色的掩护下偷偷闯入一家医院，绑架了值班的 8 个护士。几天后，警察在市郊的荒野中发现了她们的尸体，8 名受害者被整齐地排列着，其中最漂亮的两人还遭到了强奸。最令人不寒而栗的是，受害人浑身上下布满了几百处刀痕，脖子也被一遍遍地切割过，而且内脏全部被挖走。

在当地警方的努力下，恶魔最终被抓获，他的名字叫作理查德 · 斯帕克。凶手极端残忍的行为引起了学术界的关注。医学专家对他的身体进行了全面检查，然后发现了一个奇怪的现象。我们知道，正常人身上都有 22 对常染色体加一对性染色体，其中男性是 XY，女性是 XX。但是，理查德·斯帕克的性染色体出现了异常，他多出来一条Y染色体，医学上称之为XYY综合征或者超雄综合征。具有这个病症的男性，因为多了一条具有男性特征的Y染色体，使得他身材高大、脾气暴躁、自控力差、攻击欲强，从而成为更可能犯罪的超级男性。

一项基于调查监狱犯人的研究发现，普通人中发现XYY型染色体的概率为千分之一，而在罪犯中这个比例高出了近5倍。在某些监狱中，这个数字甚至达到了20倍。

看完了超级男性，再让我们来了解下战士基因。

1990年，在风车和郁金香的国度荷兰，一群饱受家庭暴力的女性组成了一个反家暴团体，经常聚在一起相互倾诉，寻求慰藉。有一天，她们中一名叫作玛格丽特的女性突发奇想，男性的暴力性会不会与他们的基因有关。如果能找到这个基因，就可以对暴力男性做出甄别，从而防止更多的女性遭受欺辱。玛格丽特的想法获得了大家的全力支持，于是这群女人找到了著名的遗传学家汉斯·布鲁纳。

经过三年的努力，布鲁纳找到了这个暴力基因——MAOA。如果该基因出现变异，就会导致神经传递物质的堆积，进而产生异常的情绪和反社会行为。布鲁纳的发现引起了极大的社会反响，有记者给MAOA取了个绰号“战士基因”，使 MAOA 更加声名远扬。

后续的研究表明，MAOA 的确与暴力行为有关联。2006 年的一项调查发现，新西兰原住民毛利人携带 MAOA 基因变异的比例高达 56%，这个民族是全世界熟知的战斗民族。美国佛罗里达州立大学的凯文·比弗教授也发现，MAOA 变异的男孩更容易参加犯罪团伙，更容易在争斗中使用武器。

当然，犯罪家族也好，超级男性、犯罪基因也罢，这些研究都只能证明遗传为犯罪心理的产生提供了一定的基础。就像考试一样，一个人也许生来智商不高，但这不代表他的考试成绩就一定会很差。自己的努力、学习的方法、老师的教导、父母的帮助，有太多的其他因素参与其中。所以一个人会不会犯罪，归根到底还是遗传与环境、先天与后天多方面因素共同影响的结果。

就在布鲁纳发现战士基因后不久，美国一名叫作莫布里的罪犯抢劫了佐治亚州一家比萨饼店，开枪将店铺经理打死。作案后，他四处吹嘘自己的恶行，还把比萨店的标志文在后背上作为“纪念”。在法庭上辩护律师提出，莫布里的残暴是由 MAOA 基因变异造成的，并不完全是他的错。主审法官十分干脆地拒绝了他的观点，并判处了莫布里死刑。

遗传提供枪支，环境装上子弹，但扣响扳机的终究还是你自己啊！

昔日民警陈建湘的末路

2018 年 12 月 25 日，47 岁的陈建湘坐在湖南省高级人民法院的被告席上，他一脸漠然，仿佛眼前的一切都与自己无关。大约 1 小时后，法官宣判了二审结果：驳回上诉，维持原判，对陈建湘的死刑判决报请最高人民法院核准。原为湖南娄底市新化县一名人民警察的陈建湘，是为何走向了如今的末路？这还要从一年前说起。

2017 年 12 月 22 日，新化县环城路与 S225 省道交叉口，一辆警用斯柯达轿车突然斜刺里撞向停靠在路边的一辆东风牌长途货车。就在货车司机惊魂未定之时，被陈建湘挟持的司机邹鹏逃出驾驶室，迅速消失在路边。紧接着，随着“砰砰”几声枪响，车内的陈建湘用 77 式警用手枪射杀了同在车内的生意人段新民，然后向深山中逃窜。

这不是陈建湘第一次杀人。就在 8 小时前，同样是在这辆斯柯达警用车上，陈建湘将教育局的一名普通职工邹恒诱骗至深山中射杀。事实上，如果不是担任司机的邹鹏急中生智撞车逃走（陈建湘不会开车），不知还有多少人要命丧枪下。陈建湘专门列出了一个共 14 人的“杀狗名单”。然而，这 14 人并非与陈建湘有什么不共戴天之仇，只是过去与其有过小摩擦或者争吵而已。比如第二名受害者段新民，他在 20 多年前因为一件皮衣与陈建湘发生过矛盾，没想到却被怀恨至今。

在提前写好的遗书中，陈建湘对自己的动机这样描述道：“在每个方面我都极度失败，少言寡语、性格乖戾……若不是一位好心副局长主动舍我一个最低档次的可笑副中队长，我一世赤膊。”

陈建湘逃走后，警方派出了 2000 多人和 30 头警犬昼夜不停地搜查。两天后的一个黄昏，躲在新化县科头乡和尚岭一个隐蔽树丛中的陈建湘被当地一名农妇发现。此时的陈建湘早已躺在了血泊之中，不知是羞愧还是自知在劫难逃，他将射杀了两名无辜者的手枪指向了自己的太阳穴。然而，子弹并没能夺走陈建湘的性命，而是造成了其颅骨和右眼严重损伤。经过医院抢救之后，如今等待他的将是法律的制裁。

回顾新化 12.22 民警枪击案，凶手陈建湘之所以会走上末路，是自我性格的缺陷、家庭教育的不当、工作经历的不顺、社会支持的缺失等多种影响因素共同作用的结果，我们这里就不一一讨论了。但这个案件中有一个细节引起我的注意：在 2007 年的一次警衔晋升培训中，陈建湘因为剧烈的头痛入院，后被诊断为颅内高压。从此，头痛就如附骨之疽，如影随形，一直折磨了他近 10 年。

正如我前面一直强调的，生理因素与犯罪心理不存在直接的因果关系。但是在压死陈建湘的众多稻草之中，大脑异常是否是其中哪怕很微小的一根呢？换句话说，大脑异常的人是否更容易走上犯罪的道路呢？在这方面，脑科学家们已经得到了不少研究成果。

前额叶：大脑前额叶与个体控制冲动的能力有关。与正常人相比，前额叶异常的人更难以抑制内心的冲动，进而更容易导致暴力行为的产生，因此这块区域也称为“邪恶片区”。美国心理学家阿德里安·雷恩曾经使用正电子发射断层扫描技术比较杀人犯和正常人的大脑代谢水平，发现前者在前额叶皮层的确存在功能缺损。

杏仁核：大脑中的杏仁核负责感知和识别情绪。如果这块区域异常，会导致个体难以控制自身情绪和识别他人情绪，变得怪异冷漠，缺乏同情心和内疚感。有研究者比较了 27 名反社会型人格障碍患者和 32 名正常人的大脑，发现前者存在明显的杏仁核畸形。

创伤性脑损伤：创伤性脑损伤指的是头部受到严重打击而导致的大脑永久性改变。来自英国埃克塞特大学的休·威廉姆斯对监狱里的罪犯进行脑检查，他发现接近 60% 的犯人存在不同程度的创伤性脑损伤。对此他解释，创伤性脑损伤会影响大脑的自我调节和社交功能，进而导致个体精神和行为失常。

让我们再来看一个更有代表性的案例——得克萨斯钟楼狙击手。

查尔斯·惠特曼是就读于得克萨斯大学奥斯汀分校的一名工程系学生。1966 年 8 月 1 日清晨，他来到了学校一处有名的景点钟楼。然而，他并不是来观光的，随身携带的狙击步枪、散弹枪、手枪和大量弹药预示着一场悲剧即将发生。在钟楼，他先是用枪托砸死了这里的接待员，然后又射杀了来此观光的几名游客。接着，他爬到了钟楼的最高处，架好装满弹药的狙击步枪，开始射击钟楼下过往的行人。行人们纷纷倒在血泊中，其中甚至还包括了一名孕妇。

警方闻讯赶来，但惠特曼占据了有利地形且火力凶猛，双方僵持了好几小时。最后，在一位熟悉钟楼地形的市民帮助下，两名训练有素的警察偷偷潜伏进了楼顶，最终击毙了惠特曼。此次枪击案共造成 13 人死亡，33 人受伤。随后，警方来到惠特曼的家中，发现他早已刺死了自己熟睡中的妻子和母亲。

查尔斯·惠特曼是一个恶徒吗？熟悉他的显然都会说“不”。这位智商 138 的得克萨斯大学的大学生、美国最高级别鹰级童子军成员、前海军陆战队的神射手，一直待人彬彬有礼、谦逊得体。那么，是什么让他突然变得如此凶残呢？从他枪击案前写的遗书中，我们似乎可以找到答案。

“这些天我完全无法理解自己。在众人眼里我是一个理性而且聪明的年轻人。然而最近，我不记得从什么时候开始的，我深受各种奇怪而不理性的想法折磨……今晚我想了很久决定杀死我的妻子凯西……我深爱着她，她是所有男人都梦寐以求的好妻子。我想不出有任何理由要这么做……我猜我可能残忍地杀死了两个我所爱的人。我就是忍不住想做一件痛快彻底的事情……如果我的人身保险能得到赔付，请将我的欠债还清……剩下的匿名捐给一家精神健康基金。也许通过研究能避免今后再发生这种悲剧。”

惠特曼死后，医生对他的尸体进行了解剖，发现其大脑中有一枚约拇指大小的恶性肿瘤。肿瘤长在了下丘脑区域，紧紧压迫着杏仁核。正如上文所提到的，杏仁核受损的人会出现严重的情绪障碍，更容易实施暴力行为。

值得一提的是，在惠特曼枪击案发生后，美国警方终于意识到，成立一支专门应对此类情况的特殊行动小队迫在眉睫。就此，世界上第一支特警队（SWAT）在美国成立，并渐渐在其他国家流行开来。

红衣杀手

位于山西东部的城市阳泉，是中国共产党创建的第一座人民城市，有“中共第一城”之称。但是就在20世纪90年代末，这座美丽富饶的红色之城却冒出了一个令人谈之色变的连环杀手。

这一切还要从1992年3月2日的夜晚说起。这一天的午夜，家住阳泉市马家坪小区的女孩钟某上完夜班回家。途经小区俱乐部时，一名男性突然从拐角处窜出，一刀捅进了钟某的心脏，钟某当场死亡。

5天之后的又一个夜晚，女孩张某同样是下班回家，被人从背后连捅4刀，后经抢救脱离危险。

同一年7月11日深夜，又一起悲剧发生，23岁的女孩李某外出后回家，在自己居民楼内被凶手连捅8刀，当场死亡。

……

从1992年到2004年间，在马家坪这个方圆不到1.5平方公里的片区内，凶手用同样的作案手法造成9人死亡、3人重伤，而且后期手段越来越残忍，甚至出现了3起碎尸案。因为不少受害者都身着红色衣服，一时间“红衣杀手”的外号不胫而走，人心惶惶。当地不少女性夜晚都不敢出门，也不敢穿上颜色鲜艳的衣服。

显然，凶手就住在这个说大不大说小不小的马家坪里。从发生第一起案件开始，警方由30多人组成的专案组就开始仔细搜查，试图寻找这个“红衣杀手”。然而，凶手每次作案后就如同人间蒸发般消失，犯罪现场也几乎找不到任何痕迹，再加上他既不抢劫，也不性侵，总是随机选择作案对象，从犯罪动机入手的尝试也徒劳无获。

当然，警方的努力也不是毫无成效。从符合作案年龄段人员到有犯罪前科人员，从离异或家暴者到性功能障碍患者，从精神病患者到性格内向者，他们将一切可能性考虑在内，进行了地毯式排查。最终，嫌疑对象已由好几百人压缩到50多人，但到此为止，再难取得任何进展。

在这十几年当中，每当夜深人静时，市公安分局刑警大队队长、专案组副组长李志林就会点燃一根香烟，望向窗外的万家灯火一言不发。如果能早点抓住“红衣杀手”，那些受害女孩如今也应该在这些星星点点之中，洗衣拖地，买菜做饭，过着平凡而幸福的生活吧。他不甘心，也从未放弃，他想要寻找的是一个新的破案契机。

很快，这个契机就来了。2006 年 3 月 20 日，中国人民公安大学心理测试中心的专家丁同春带着两名研究生来到了阳泉，他随身带着一件仪器——测谎仪。7 天后，阳泉警方逮捕了犯罪嫌疑人杨树明，马家坪“红衣杀手”就此落网。

只用了短短 7 天的时间，测谎仪就找到了十多年疑案的凶手，这里面到底发生了什么样的故事呢?

让我们先从测谎仪的原理说起。本章前面一直在讲，生理因素会影响一个人的心理状况，那么反过来想，一个人的心理变化能不能从生理活动上反映出来呢? 显然可以，我们常说开心时“心花怒放”，生气时“怒火攻心”，担心时“提心吊胆”，伤心时“撕心裂肺”，讲的就是这个道理。

从这个思路出发，科学家们发现，当一个人紧张时，不管他在表情和行动上如何伪装，生理状况总是会出卖他。这些生理状况主要包括了皮电、血压、呼吸、脉搏等，这些生理指标基本上不受个人意志的控制，你越紧张，指标数据就越高。这里单独介绍一下皮电，其实就是皮肤电阻，人紧张时汗腺会分泌汗液，导致皮肤电阻升高。

所以严格意义上讲，测谎仪又叫作多道生理心理记录仪，它并不是测量谎言的，而是通过测量被试的生理变化来看他对哪个问题最紧张。这样，只要根据案件细节设计并提出相关测试题，即使被测试者一言不发，我们也可以知道他是否与案件有关。

有读者可能会问，那应该如何设计测试题呢？这个问题问得好，相比于仪器操作，提问才是测谎最核心的环节。目前比较流行的方法有两种：GKT（犯罪情节测试法）和 CQT（准绳问题测试法）。

如果发现案件中的一个情节，除了警方和受害者外只有凶手知道，就可以采用 GKT。根据这个情节设计的问题叫作目标问题，与目标问题类似但不是真实情节的问题叫作陪衬问题，我们将这些问题连起来构成一串题目，然后提问给被试。因为只有真正的罪犯才知道这两类问题的区别，无辜者是难以分辨的，所以通过测量被试在目标问题上是否会出现更强的生理反应，我们就可以初步确定罪犯的身份。

举个例子，在一起杀人案件中，如果大家只知道有人被杀害，而不知道受害人穿着一身灰色的上衣，我们在测谎时便可以设计这样的问题：

（1）被害者穿着蓝色的衣服吗？

（2）被害者穿着红色的衣服吗？

（3）被害者穿着灰色的衣服吗?

（4）被害者穿着黑色的衣服吗?

（5）被害者穿着白色的衣服吗?

显然，无辜者对这些问题的生理反应应该是基本一致的，而只有真正的罪犯才会在第三个问题上出现明显的指标上升。

GKT 比较依赖于案件的具体情节，如果找不到符合要求的犯罪情节呢？这时候 CQT 就派上用场了。

以强奸案为例，在这种方法中我们可以直接向被试提出目标问题："受害者是被你强奸的吗？"接下来关键的地方来了，陪衬题应该如何设计呢？CQT 把作为陪衬的其他问题称之为准绳问题，其设计原则为会令每个人都感到紧张的题目，例如"你有过什么不好的性幻想吗？""你有过偷偷自慰的行为吗？"

细心的读者一定发现了区别。对于罪犯而言，目标问题会比准绳问题的反应强；而对于无辜者而言，目标问题会比准绳问题的反应弱。

现在，让我们回到 2006 年的那个初春。丁同春的桌子上摆满了如山般的卷宗，在两位研究生的帮助下，他一边浏览着卷宗，一边听李志林介绍警方的侦查情况。突然，他停了下来，目光紧紧盯着眼前的几页文件。2001 年 10 月 10 日，在医院工作的郭某在回家途中失踪，随后警方陆续发现了她的尸体、内脏和脸部皮肤。最关键的是，案发后的一天傍晚，一个老太太发现了一个装着女鞋、钥匙和毛巾的塑料袋，经家属辨认后确认为被害者所有。这个细节除了家属、老太太、警方外，就只有凶手知道了。

仿佛漆黑的夜晚终于出现了一丝曙光，丁同春以此为突破口连夜编辑好题目，让李志林召集嫌疑人，马不停蹄地开始了测谎工作。经过两轮的测试，一个人的名字凸显了出来——杨树明。虽然其他部分反应不显著，但在藏尸、碎尸尤其是关于塑料袋的测试题上杨树明表现出了明显的紧张反应，这是在其他嫌疑人身上都未曾出现过的。

应该就是他了！当丁同春把“杨树明”这个名字告诉李志林时，他起初是一脸的不相信。杨树明是当地一名普通的电焊个体户。在邻居们眼中，他性格温和，与人为善；在家人眼中，他孝敬父母，对妻子小孩无微不至。如果不是因为郭某的死亡地点就在他家附近，警方可能都不会把他列为嫌疑人。

是不是测谎仪出错了？抱着怀疑的态度，警方开始了对杨树明的审讯。

可随着审讯的深入，警方越来越觉得杨树明有问题，尤其是他随口说出的那一句“谁要说我是凶手，非扎死他不可”。接着，警方对杨树明的工作间进行了详细搜查，在一隐秘处找到了40多把刀具，其中一些甚至还残留着人体组织。

至此，杨树明交代了自己的全部罪行。在测谎仪的帮助下，双手沾满鲜血的“红衣杀手”最终落入法网，山西阳泉持续了14年的噩梦就此结束。据说，当时有位参与此案的老刑侦专家专门要一睹测谎仪的风采，一边还嘀咕着：“就这么个机子这几天咣咣咣测几下，就把十几年没进展的命案给破啦？”

当然，大家也不要将测谎仪过分神话，测谎仪所得的结论并不能作为法庭证据，它并不是百分百准确。丁同春的老师、中国人民公安大学资深测谎专家武伯欣就曾指出，测谎的成败，三分在机，七分在人。在实践经验丰富、遵循科学测验程序的人手中，测谎仪的正确率是可以达到98%的；但如果缺乏实践经验或未遵循科学的测验程序，测谎仪的结果和胡乱猜测并没有什么太大区别。

最后，给读者们讲个笑话。我曾经在课堂上给学生们做过测谎演示，让一位学生写上包括其女友在内五个女孩的名字，然后询问到底谁才是他的女友。根据仪器显示的指标，我信心满满地说出了结论，结果闹了个乌龙，遭到了学生们的哄堂大笑。看来不管做什么，专业的事还是要专业的人来做啊！

Chapter 4

×

字如其人

笔迹与犯罪心理

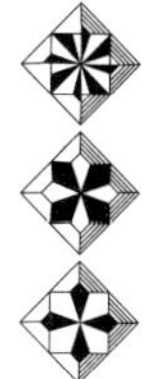

书，如也。如其学，如其才，如其志。总之曰：如其人而已。

——刘熙载

“天雨粟，鬼夜哭”，这是《淮南子》描述仓颉造字之后出现的神奇景象。虽说是传说，但由此可见文字在我们人类历史中的重要地位。从甲骨文、金文到篆书、隶书、楷书，从繁体字到简体字，在使用这些文字的漫长时光中，人们渐渐总结出了一条规律——字如其人。那么，这句话到底什么意思呢？人长得好看，字就写得漂亮，人长得丑，字也就写得难看吗？

非也非也，字如其人其实是说一个人的性格特征可以通过他的字迹看出来，正所谓“笔性墨情，皆以其人之性情为本”。既然如此，那我们可不可以通过对笔迹的分析来协助破案呢？笔迹与犯罪心理有着什么样的特殊关系呢？这一切让我们先从一部小说谈起。

神奇的笔迹学

1887 年的春天，在英国萨里郡的赖盖特发生了一件凶杀案。当地治安官坎宁安家里闯入了盗贼，却不巧正好被家里的车夫威廉撞见。盗贼情急之下开枪打死了威廉，可怜的车夫就这样丧了命。根据目击者坎宁安父子的证言，凶手中等身材，穿着深色衣服，杀人后急匆匆地越过花园篱笆，消失得无影无踪。

本案的蹊跷之处在于，死者威廉的手中紧紧攥着一张纸条。从外形上看，这张纸条明显是从完整的纸张上撕下来的一角，上面写着的内容如下：

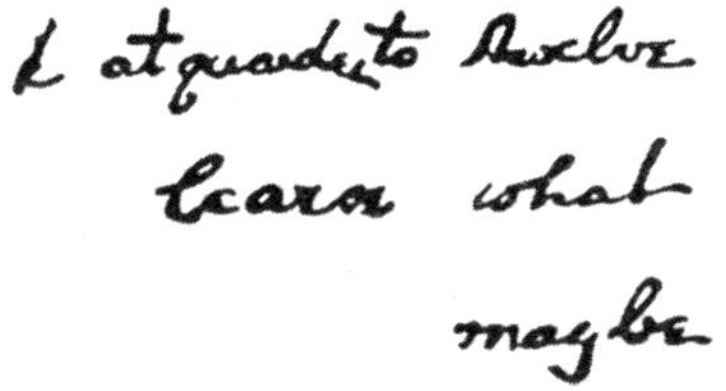

d at quarter to twelve
learn what
maybe

图 4　纸条的一角（来源：小说《赖盖特之谜》）

注：at quarter to twelve learn what may be

这张纸条引起了正好在这里度假的一位民间侦探的注意，他对此是这样分析的：

“毫无疑问，它是由两个人交替着写出来的。我只要请你们注意 at 和 to 字中那两个苍劲有力的 t 字，再请你们把它跟 quarter 和 twelve 中那两个软弱无力的 t 字对比一下，你们马上就可以看出事情的真相……一个人的笔迹粗壮有力，另一个人的笔迹虽然软弱无力，却依然十分清楚。我们可以说，其中的一个人是年轻人，另一个人虽未十分衰老，却上年纪了。

“这事显然是一种犯罪行为，其中一个人不相信另外一个人，于是他决定，不管干什么两个人都得一起动手。很清楚，这两个人中，那个写‘at’和‘to’的人是主谋。他把他所要写的字全部写完，留下许多空白，叫另一个人去填写。而这些空白并不是都很富余的，你可以看出，第二个人在 at 和 to 之间填写 quarter 一词时，写得非常挤，说明 at 和 to 那两个字是先写好了的。

“还有一点是非常微妙而有趣的：这两个人的笔迹有某些相同之处。他们是属于同一血统的人，对你们来说，最明显的可能就是那个 e 写得像希腊字母 ε 。我毫不怀疑，从书写的风格上看，这两种笔迹是出自一家人的手笔。而所有这一切加深了我的印象，坎宁安父子二人写了这封信，是他们谋杀了自己的车夫。”

……

这位聪明的民间侦探不是别人，正是大名鼎鼎的夏洛克·福尔摩斯，而这个故事则是来自福尔摩斯探案集中十分精彩的一章——《赖盖特之谜》。亲爱的读者们，小说中福尔摩斯通过观察笔迹来破案的方法可不是作者柯南·道尔杜撰的哦，它的名字叫作笔迹学。

此外，中国古代也有不少关于笔迹学的逸闻趣事。《史记·封禅书》中曾记载过这样一个故事，主人公正是大家耳熟能详的汉武帝。

当时，汉武帝十分宠幸一名妃子王夫人。可惜天妒红颜，王夫人很年轻就得病去世了，汉武帝茶饭不思，很是伤心。一位名叫少翁的人见有利可图，就谎称自己精通神鬼之术，可以让汉武帝与王夫人相见。

要说这个少翁也很是聪明，他找来一名女性“群众演员”，用皮影戏的方式将其身影呈现给汉武帝，并告诉汉武帝这就是王夫人。为了防止穿帮，他还一阵忽悠，说阴阳相隔不能相见。汉武帝还真的信了，一阵悲叹感动，完了还封了少翁一个大官文成将军。

然而，少翁的好日子没过多久，杀身之祸就来了。随着年纪的增长，汉武帝迷上了修仙，整天让少翁请个神仙下凡来指点迷津。神仙当然是请不出来，怎么办？为了交差，少翁在锦书上乱七八糟写了一堆文字，硬生生塞进了一头牛的肚子里。接下，汉武帝和少翁“正好”遇见了这头牛，少翁“正好”发现这头牛很古怪，肚子里可能有宝贝，汉武帝将牛宰杀后“正好”发现了这部天书。

拿到天书后汉武帝很兴奋，立刻开始认真研究。可这越研究，汉武帝就越觉得不对劲，天书上的笔迹怎么就这么熟悉呢？他拿少翁以前写的字一对比，发现两者颇为相似，顿时疑心大起，审问少翁。少翁这身子骨哪里经得起严刑拷打啊，一下就交代了全部事情，人头自然也落了地。

所谓笔迹学，指的是通过对书写人笔迹特征的分析，研究书写人心理、行为特点及鉴别方法的一门科学。中国文化源远流长，古代的人们早就意识到笔迹与心理之间存在着紧密的联系。早在西汉时期，著名儒学家、辞赋家杨雄就曾说过：“言，心声也；书，心画也。”这是史料上最早的关于笔迹学的论述。元代书法家陈绎概括了情绪与笔迹的关系：“喜则气和而字舒，怒则气粗而字险，哀则气郁而字敛，乐则气平而字丽。”到了清代，有“东方黑格尔”之称的刘熙载提出“书，如也。如其学，如其才，如其志。总之曰：如其人而已”的说法，这正是“字如其人”一词的出处。

需要指出的是，虽然中国古代有许多关于笔迹学的思想和典故，但真正的笔迹学其实是起源于法国。我觉得主要有以下两个原因：第一，中国古代思想家们的论述往往都是点到即止，有点“我且这么一说，你也就这么一听”的意思，缺乏全面、系统、深入的分析与解释。第二，这些论述基本上只停留在哲学思辨阶段，没有用实证方法进行验证，自然也就没有科学的属性了。

在 19 世纪末的法国，一些高级神职人员对笔迹学十分感兴趣，他们成立了专门的研究团队来研究笔迹与人心理之间的关系。让·伊波利特·米尚就是其中的一员。据记载，米尚智商过人，博学多才，精通地质学、历史学、考古学、植物学、建筑学、雕刻和文学等多门学问，这为他的笔迹学研究打下了良好的基础。

在收集了几千份同时代人的笔迹后，米尚发现性格相似者们的笔迹也相似，从而得出笔迹能反映书写人性格的结论。他将自己的发现进行了系统的梳理和归纳，在 1872 年出版了《书法的秘密》一书，随后又相继出版了《笔迹学的体系》《笔迹学的方法》。由此，笔迹学开始为世人所瞩目，而米尚也被誉为“欧洲笔迹学之父”。

随着时代的不断进步，笔迹学也在不断完善与发展。如今，笔迹学已经衍生出了两个比较成熟的研究领域——笔迹鉴定与笔迹心理分析。这两种方法原理不同，各有侧重，但却同样在司法刑侦领域大显身手，取得了不错的成效。

签名背后的血案

1995年1月17日，春节将近，一名吴姓男子走进了浙江省金华市婺城区法院，他要起诉一起民间借贷纠纷。

吴某要起诉的人姓张，是丽水一家进出口贸易公司驻金华的代表。吴某说，1994年12月底，他向张某购买一批生铁并预付了定金17万元。可没想到，张某一直不发货，怎么也联系不到他本人。为了证明所说属实，吴某向法庭提交了有公司印章的购货合同，以及一张有张某签名的定金收条。看起来，这只不过是一起普通“老赖”案件。

然而让人费解的是，张某的家人也一直联系不上他。张某的妻子说，丈夫发电报说要出趟远门谈生意，可他不久前明明打电话说会尽快回家看儿子，二人的儿子才刚刚出生两个月。与此同时，吴某又向法院反映，自己刚刚在大街上看到了张某，可一喊他的名字他就跑得无影无踪。

张某妻子和吴某到底是谁说了谎话？张某是携款潜逃还是被他人所害？金华警方觉得此事十分蹊跷，成立了专案组调查此事。

在全面梳理了整个案件之后，警方找到了一个突破口——那张带有张某笔迹的欠条。警方收集了张某以前的签名，然后启动了笔迹鉴定程序。最终的鉴定结果表明，尽管签名者极力模仿张某的笔迹，但二者的笔迹特征存在着许多差异，也就是说欠条上的笔迹并非是张某的。

既然欠条是伪造的，案件侦破的重点自然就放在了吴某的身上。这一调查不得了，吴某的嫌疑变得越来越大。首先，吴某工作收入不稳定，怎么拿得出 17 万元；其次，在张某失踪的那段时间也就是 1994 年底，警方发现吴某的银行账户曾经存进过 1 万元；最后，张某的家人和同事告诉警方，作为公司的销售代表，张某平时有个保险箱保存钱款，但是现在这个箱子不见了。而吴某所在村的村干部似乎见过吴某有个差不多的保险箱。

于是，警方立刻开始了对吴某的审讯。起初，吴某百般狡辩，一口咬定自己与此案无关。可当警方拿出笔迹鉴定的结果时，吴某终于低下了头，交代了自己的罪行。

原来，在一个偶然的机会中吴某结识了张某。在知道张某是某公司的销售代表后，吴某便心生歹意。当时恰逢吴某弟弟修新房，吴某以要购买生铁为由，将张某骗到弟弟家中。趁张某不备，吴某伙同同村的阿明用铁榔头将张某打死，将尸体埋在了房内挖好的土坑里，然后在上面浇筑水泥恢复原样。

随后，两个人来到张某所住酒店找到了保险箱，但里面只有少量现金。心有不甘的吴某看保险箱里有空白介绍信和单位公章等材料，就伪造了购货合同和定金收条，接下来便出现了故事开头的那一幕。

按照吴某的设想，既然有这些“铁证”在，法院应该会把张某账目中的 17 万判给自己。可最终，笔迹鉴定技术让他的如意算盘落了空。

1996 年 9 月，张某的妻子带着快两岁的儿子来到了丈夫的坟前，她给丈夫带来了一个好消息：经浙江省高院终审裁定，吴某、阿明以故意杀人罪被判死刑立即执行。亲爱的，你可以瞑目了！

在这个案子中，笔迹鉴定技术发挥了至关重要的作用。那么，到底什么是笔迹鉴定？所谓笔迹鉴定，是指通过对目标笔迹和样本笔迹的分析、对比，从而确定两者是否为同一人书写的专门性技术。

有读者可能会说，现实生活中每个人的字迹的确不大一样，要区分还是比较容易的。但如果我刻意模仿一个人的笔迹，做到惟妙惟肖，笔迹鉴定还能鉴定得出来吗？这就要聊到笔迹鉴定的两个基本原理了。

第一，书写动作习惯的稳定性。一笔一画、一横一竖的背后，是我们的书写动作习惯。这个动作习惯不是短时间形成的，而是一个长期渐进的过程。不同的书写者在其身体状况、成长环境、教育水平和心理特点等多种因素的影响下，逐渐形成了符合自身特点的稳定书写动作习惯。这个动作习惯在日常生活中经过反复书写得到加强与巩固，从而成为书写者稳定的行为特征。

我们可以拿洗澡来类比。想一想，每次洗完澡擦毛巾时，你的毛巾是左手拿着还是右手拿着？第一下擦干哪里？第二下又擦干哪里？最后你又是如何拧干毛巾的呢？这个就叫作动作习惯的稳定性。

当然，正如我们每次的笔迹不会完全相同一样，这个稳定性只是相对的。在不同的环境和心态下，笔迹的一部分特征还会有所不同。

第二，书写动作习惯的独特性。正如这个世界上没有两片完全相同的树叶，我们每个人也是独一无二的。这也就意味着，我们每个人书写时的动作习惯具有本质上的差异。前面提到，这些差异是长时间形成的，具有稳定性，所以就算书写者在意志力和控制力的支配下有意识地模仿或伪装，笔迹的基本特征还是保留着书写者自己的独特特点。

在笔迹稳定性和独特性的基础上，笔迹鉴定专家就可以通过分析、比较鉴定笔迹和样本笔迹的具体特征，找出特征符合点和差异点，最后根据各点的权重、数量等做出综合性的判断。这其中，最具有鉴定价值（权重较高）的笔迹特征包括了笔迹的运笔特征、特殊的连笔特征、笔画交接部位、偏旁部首的搭配比例以及标点符号特征等。

我们来看一个例子。2010 年 3 月，福建厦门发生了一起经济纠纷。原告张某一年前借给被告林某 20 万元，林某当着张某的面在借条上签了字。现在张某欲要回借款，林某却一口否认借条上的字迹是自己所写，还拿出了自己以前的签名进行比对。

乍一看，这两个签名的确区别很大，似乎不是一人所写。是林某被冤枉了吗？原告张某找到了厦门一所司法鉴定中心，在笔迹鉴定专家的“火眼金睛”之下，真相立马就水落石出。

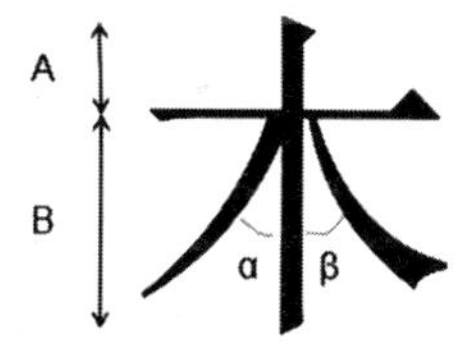

图 5　字迹特征示意图（来源：谢晴）

通过详细的分析，专家发现两个签名中特征符合点较多，比如两个“林”字中，“木”的一横一竖交叉的比例基本是一样的，下半部分的撇、捺与竖画的夹角基本是一样。在签名的其他部分也发现了类似这样的相似之处，于是专家最终给出了笔迹鉴定意见：两个签名应该为同一人书写。

在证据面前，林某没有再狡辩，承认了自己的借款行为。

如今，笔迹鉴定因为其科学性和准确性已经成为法庭认可的证据之一，在各种刑事民事案件的立案、侦查、诉讼及审判活动发挥了重要的作用。正因为如此，笔迹鉴定对鉴定员的要求非常高，不仅需要具备相关的专业知识和鉴定资质，还需要有丰富的实际工作经验，最重要的是，要有一颗实事求是、满怀正气的责任心。

“笔下有财产万千，笔下有生命攸关，笔下有是非曲直，笔下有毁誉忠奸。”公安厅一位老鉴定员的桌面玻璃下压着一张纸条，上面写着这样四句话。我想，这应该是对笔迹鉴定工作最好的概括吧！

笔迹如心迹

大家还记得本书第二章“犯罪心理画像”的内容吗？在美国纽约连环炸弹案中，我们的布鲁塞尔博士根据罪犯寄来信件上的字迹，推测出了罪犯的几项心理和行为特点，并且最后也得到了证实。无独有偶，在1962年的瑞士卢塞恩，一名连环炸弹犯同样因为字迹被警方逮捕归案。

卢塞恩，这是地处瑞士中部的一座小城，因其历史悠久、风景秀丽而成为瑞士最受欢迎的旅游胜地。但在1962年6—7月间，这座美丽的小城却连续发生5起爆炸案，导致5人受伤和数十万瑞士法郎的损失。警方仔细调查现场后发现，5起爆炸案中的雷管相同，皆为一名叫作阿尔弗德·西班尼的商人出售，与名字一起登记的还有一个地址。然而，阿尔弗德·西班尼显然并不存在，这个名字和地址都是凶手伪造的。

无奈之下，卢塞恩警方找到了当时著名的笔迹学家利特斯诺。对此不少人持怀疑态度，只靠寥寥数十个字母，利特斯诺又能得到什么信息呢？但是，利特斯诺用实际行动“啪啪啪”打了这些质疑者的脸。

仔细分析了笔迹特点后，利特斯诺指出，凶手智力平庸，年龄大概为 20 多岁，自卑，不太擅长与人打交道，身体强壮，应该是一名体力劳动者。利特斯诺还认为，凶手的自卑情结是这一系列炸弹案的原因，他希望通过这种行为让自己显得很重要。

根据利特斯诺提供的方向，警方很快就锁定了犯罪嫌疑人——安东·范德里克。此人是一名仓库看护人，文化程度低，寡言少语，而且刚刚赢得了两个拳击比赛的冠军，这些都十分符合利特斯诺的描述。最后，在警方的审讯下，范德里克承认了自己的罪行，他正是这 5 起爆炸案的真凶。

在本案中，利特斯诺使用的方法正是笔迹心理分析。所谓笔迹心理分析，是指通过对笔迹的力度、运笔、大小、角度、布局等特征的分析，推测书写者的心理和生理特征的一门技术。与笔迹鉴定一样，笔迹心理分析也是笔迹学中一个十分重要的研究领域。

笔迹心理分析技术的基础原理是投射理论。投射是心理学中十分重要的一个概念，指的是个体会把自己的性格、气质、情绪、认知、习惯等特点，不自觉地反映到外界载体上。一位女孩今天心情不错，于是穿上最漂亮的衣服，戴上最喜欢的首饰；一名公司秘书心神不宁，做出来的 PPT 错漏百出；看到司机扶起摔倒的老人，有人立马认定司机就是撞人者，因为“不是你撞的你凭什么去扶”。这些现象都属于投射。

笔迹也一样，是书写者身心状态的投射载体，正所谓“笔迹如心迹”。中国著名心理学家郑日昌在《笔迹心理学》一书中曾对笔迹心理分析的具体方法进行了介绍，我在这里简单总结几条标准，供读者们参考。

（1）书写的压力反映了书写者的精神和身体状况。重压力者精力充沛，身体强壮；轻压力者精力不足，身体较差。

（2）字、字行的方向代表了书写者的性格特征。上倾者乐观、积极、热情，但容易偏执、自以为是；下倾者悲观、消极、失望；水平者平和、沉稳，但容易保守，没有进取心。

（3）笔迹的大小反映了书写者的自我意识状况。笔迹较大者自信、草率，有表现欲，容易以自我为中心；笔迹较小者冷静、细致，但容易有自卑情绪。

（4）笔迹的外貌反映了书写者对外部世界的态度。笔迹有棱有角者独立果断、意志坚定，很少因为外界环境改变自身看法；笔迹多曲线者则性格随和、灵活宽容，善于和别人打交道。

（5）连笔程度反映了书写者的思维特点。连笔者有较强的推理能力，联想能力丰富；不连笔者有较强的分析能力，擅长独立思考。

……

2006 年 3 月 17 日，在香港九龙尖沙咀广东道与柯士甸道交界的一条人行隧道中，一名歹徒突然持枪袭击路过这里的两名警员冼家强和曾国恒，两名警员身中数弹，在重伤之下依然奋起反抗。在冼家强与歹徒近身搏斗时，曾国恒对着凶手连开 5 枪，直接将其击毙。可惜的是，冼家强抢救了回来，但曾国恒因伤势过重不幸牺牲。

事后经调查，凶手是同为香港警署警员的徐步高，而之前 2001 年的警员梁成恩遇袭案、丽城花园恒生银行劫案亦是其所为。当时，此案引起了极大的社会轰动，徐步高更是被香港媒体称为“魔警”。2014 年 4 月，吴彦祖、张家辉出演的电影《魔警》上映，该片剧情正是改编自徐步高案。

案件发生后，曾有香港媒体邀请著名笔迹心理分析家徐庆元对徐步高个人签名中的“高”字进行分析。在完全不知情的情况，徐庆元准确地鉴定出该笔迹书写者具有高度的暴力倾向。

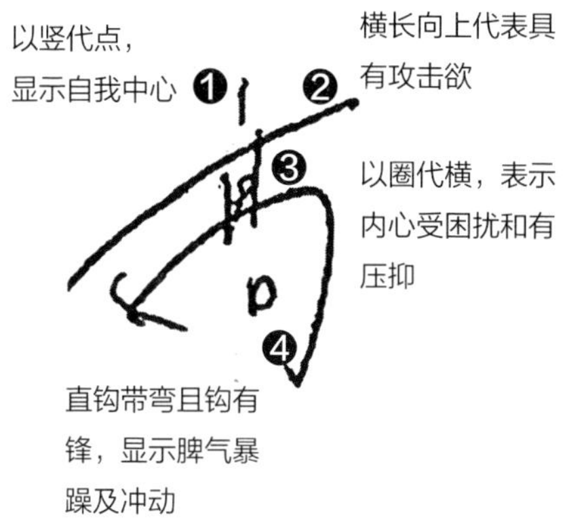

图 6　徐庆元对“高”字的分析（来源：网络）

目前，笔迹心理分析在国外应用较为广泛，在刑侦司法、人才测评、心理咨询等各个领域发挥了一定的作用。在德国、法国、以色列等国家，有超过一半的企业将笔迹心理分析作为招聘职员的重要手段。各国军方、情报部门、执法机构也将笔迹心理分析作为了收集、分析情报的重要方法。

1990 年，伊拉克屯重兵于科威特边境，但当时的西方各界人士和科威特高层皆认为这只是虚张声势，萨达姆不敢发动战争。此时，以色列情报机关摩萨德对萨达姆的笔迹进行了分析，认为他草率随性，心狠手辣，言出必行，入侵科威特的可能性极大。1990 年 8 月 1 日，以色列媒体发布了这一推论；次日凌晨 1 点，战争果然爆发。

需要指出的是，不同于人们对笔迹鉴定这一方法的认可，笔迹心理分析的科学性和准确性值得商榷，它更像是一种概率性的推测，而不是建立在科学逻辑上的精确描述。本节粗略地介绍了笔迹心理分析的理论基础、分析方法与相关案例，希望能为各位读者提供另一种视角来看待人的心理。

Chapter 5

×

笼罩白银市的血色恐怖

连环杀手犯罪心理

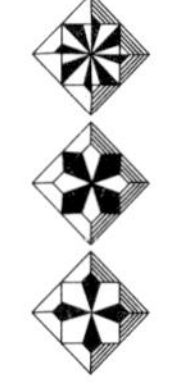

我可以计算天体运行的轨道，却无法计算人性的疯狂。

——艾萨克·牛顿

中国甘肃中部坐落着一座工业小城——白银市。这座城市看起来不大起眼，却因为一起系列杀人案件而成为中国刑侦史上十分重要的一个“地标”。

从1988年到2002年的这14年间，一名凶手在白银、包头两市接连作案11起，杀害女性11人，其中年龄最小者仅8岁。他心思缜密、手段隐蔽，加上当时技术手段落后，此案迟迟未破。当时网上曾有人这样形容：外国有开膛手杰克，中国有白银市杀手。

20多年来，警方一直没有放弃努力，终于在2016年有了突破。当时，在离白银市不远的青城镇，一名高氏男性因行贿被捕并提取了DNA。在最新的Y-DNA检测技术的帮助下，警方发现高氏男性Y染色体上的DNA居然与凶手相符。由于Y染色体只有男性所有，警方立即对当地高氏家族的所有男性成员进行了排查，最终确定了凶手身份。同年8月26日，在白银市工业学校的一个小超市里，警方将逍遥法外多年的高承勇抓获，笼罩白银市的血色恐怖就此终结。

连环杀手，一个在犯罪心理学中具有特殊意味的名词，一个与众不同的犯罪者称谓，冷漠、狡诈、伪装、残忍、变态、疯狂……这些词汇似乎总是与他们如影随形。到底什么是连环杀手？他们血腥罪行的背后，又有着什么样的特殊心理呢？

隐藏在人群中的恶魔

《沉默的羔羊》《七宗罪》《心理罪》《唐人街探案 2》……不管是西方还是东方，“连环杀手”一直以来都是电影的热门主题之一。一个个充满悬疑的桥段、一幕幕惊心动魄的场景、一次次有关人性的拷问，似乎总是能触动观众的神经，取得不错的票房成绩。但是，你要是认为这些离奇的剧情完全是杜撰的，那就大错特错了。有太多有关连环杀手的真实案件在向我们证明，他们就隐匿于黑暗之中，时刻等待着露出锋利的爪牙。

连环杀手（serial killers）一词，最早来自于美国联邦调查局 FBI 的犯罪心理专家罗伯特·雷斯勒。在他所处的时代，也就是 20 世纪 70—80 年代，被称为美国连环杀手的“黄金年代”。有人曾对 1800 年至 1995 年近两百年间美国出现的连环杀手数量进行了统计，发现 1975 年至 1995 年出现的连环杀手占据了总数的近 45%，其中就包括了“山姆之子”大卫·柏克威兹、“绿河杀手”加里·里奇韦、“杀人狂魔”

亨利·李·卢卡斯等美国历史上臭名昭著的罪犯。

罗伯特·雷斯勒发现，这些案件中的凶手有着特殊的心理和行为规律。为了将他们与其他类型犯罪者区分开来，雷斯勒将其命名为“连环杀手”，即为了某种不明显的动机谋杀过至少3名受害者，且每起谋杀间存在着“冷却期”。

从定义不难看出，连环杀手的一个重要特点就是谋杀动机的不明显性。一般的杀人案件中，杀人犯通常与被害人相熟，犯罪动机主要有谋财、报仇、感情纠纷和一时冲动等。但在连环杀人案中，杀人犯与被害人通常是陌生关系，他们的犯罪动机不是那么的直接和明显。通过大量的采访和案例分析，罗纳德·霍姆斯和史蒂芬·霍姆斯发现连环杀手的动机大致可以分为四类。

享乐型：可以从杀戮中获得某种愉悦的体验。

控制型：享受那种掌控别人生死的感觉。

幻想型：幻想出某种角色指使自己去杀戮。

使命型：把杀掉某一类群体看成是自己的使命。

以高承勇为例。在1998年高承勇连续作案4起，被民警问及原因时他回答："那两天急得不行，觉得心里慌，就要杀个人。"不难看出，高承勇属于典型的享乐型。

连环杀手的另一个重要特点是，每起谋杀之间都存在着时间间隔，即雷斯勒所说的"冷却期"。不管是享乐型、控制型还是幻想型、使命型，从本质上看凶手杀人的目的都是为了获得快感。在杀掉一名受害者后，他的快感会达到巅峰，之后随着时间渐渐消退；期间，他会无数次地回忆起当时的场景，不断回味那种亢奋的感受；当凶手再也无法从中获得任何快感时，这也就意味着他下一次杀戮的开始。这两者之间的时间间隔就是"冷却期"。

与此同时，许多聪明的连环杀手还会利用这段时间去评价自己之前的犯罪过程，从中总结经验教训，思考在下一次犯罪中如何实施得更"完美"。此外，一般来说连环杀手的杀戮行为不会自动停止，除非出现以下情况：被逮捕或死亡；不再从杀戮中获得快感；下一次犯罪极可能暴露自己。

虽然有数据显示，20世纪已知的连环杀手中有76%来自美国，但我国也出现过不少穷凶极恶的连环杀手。据相关资料记载，新中国建立以后出现的第一个连环杀人犯叫作许仁忠。1955 年至 1956 年间在浙江杭州市郊的凤凰山上，许仁忠先后将 4 名 6 岁幼女和 1 名 11 岁幼女诱骗至此奸杀。更令人发指的是，他还将受害者腹部、腿部和阴部的肉切割下来，煮熟吃掉。

此案手段之残忍，影响之恶劣，惊动了当时的公安部部长罗瑞卿上将，并专门指派了一名苏联专家来调查此案。哪知道这位所谓的“专家”满口胡言，居然认为这是国际上的反共组织干的。幸好当地警方并没有听信苏联专家的话语，他们采取了最辛苦却也最有效的方法，在凤凰山日夜蹲点。当许仁忠再次来此地作案时，被警方当场抓获。后来许仁忠供述了自己的作案动机，他患有顽疾，听一土郎中说吃人血能治这种病，而且幼女的血最为合适，便生此歹意。1956 年 10 月 26 日，许仁忠在杭州松木场被执行枪决。

除了犯罪动机不明显、犯罪时间不确定之外，连环杀人案件之所以较一般杀人案件更难侦破，还在于连环杀手极强的伪装能力。在许多人眼中，连环杀手嘛，当然应该是面目狰狞、眼露凶光、杀气腾腾、邪恶至极，就差在脸上写着“我是坏人”这几个字了。然而在大多数案件中，他们看起来和你我并没有什么差别，待人礼貌，处事得体，有些甚至还风度翩翩，充满了亲和力与魅力。

泰德·邦迪，他样貌英俊、举止优雅、智商出众，毕业于西雅图华盛顿大学中文系，后来又修读了心理学和法学课程。毕业后的他投身于政治活动，结交了不少共和党派人士，还曾经因为救过一个落水儿童而受到过嘉奖。就是这样一名人人喜爱的“大好青年”，却在 1973 年至 1978 年间陆续杀害了 30 多名女性，成为美国历史上有名的连环杀手，同时也是电影《沉默的羔羊》中的反派原型。

王彦青，他文质彬彬、谈吐不凡、乐于助人，小时候颇受邻居们的喜欢。因为父母都是老师，他非常聪明，在高中的时候就自学了大学生都很难懂的微积分和高数。据说，他还有一项拿手绝活，在 10 秒就可以打开任何一个保险箱。同样是一位本应有着光明前途的“大好青年”，却在 1988 年至 1990 年间杀害 16 人，打伤 13 人，被称为华北第一悍匪。

还有高承勇、前面介绍过的杨树明，在邻居们看来，他们老实本分、与人为善、家庭和睦，与“杀人”两字八竿子都打不着，更不要说还是“连环”的了。在听闻他们的残忍行为后，邻居们纷纷表示难以置信。

“画虎画皮难画骨，知人知面不知心”。连环杀手，在他们正常甚至光鲜外表的下面，是一个个早已腐朽堕落的邪恶灵魂。

麦当劳三要素

你知道什么是麦当劳三要素吗？可能有人会回答，那当然是汉堡、薯条和可乐啦。呃，虽然说的也没错，但我们此麦当劳非彼麦当劳，而是指一位名叫麦克唐纳（MacDonald，与麦当劳的英文相同）的精神病学家。

1963 年，麦克唐纳教授在《美国精神病学杂志》上发表了一篇名为《杀戮的威胁》的文章。在文章中，他提出了连环杀手童年成长的三要素：玩火、尿床、虐待小动物。尿床，指的是儿童超过五岁后依然在睡梦中不受控制地尿床，这种迹象表明个体缺乏自我控制力；玩火是一种发泄的手段，喜欢玩火表明个体可能长期遭受虐待或挫折；虐待小动物意味着个体缺乏同情心，有暴力倾向。在麦克唐纳看来，在童年时代同时具备其中至少两个要素的人，将来成为连环杀手的可能性极大。

麦克唐纳的三要素理论一经提出，便引起了犯罪研究领域的极大反响。起初，包括 FBI 专家在内的不少学者都十分认可麦克唐纳的三要素理论，因为他们发现许多连环杀手的童年的确具备这些特征。

“山姆之子”就是一个十分典型的例子。1976 年至 1977 年间，美国纽约出现了一位专门猎杀情侣的连环杀手。他总是隐蔽在街道某个角落，拿捏好时机突然冲出来，向路边汽车中约会的情侣射击。由于凶手作案使用的都是点四四口径的左轮手枪，人们起初称其为“点四四口径杀手”。

1977 年 4 月的一次作案后，杀手在犯罪现场留下了一封信。在这封信中，杀手称自己为“山姆之子”，经常遭到父亲山姆的虐待。他还声称，山姆是一个嗜血魔鬼，强迫他去四处杀人，收集血液。各大媒体纷纷报道了“山姆之子”的信件内容，凶手怪异的心理与行为让整个纽约城陷入了恐慌。

经过一年多的努力，警方的调查慢慢有了眉目，一切线索都指向了当地一家邮局的雇员——大卫·伯考维兹。1977 年 8 月 10 日晚，这个杀死 6 人，击伤 7 人的凶手终于被抓获。被捕时，伯考维兹一脸的不屑，他对一位警察说道：“嘿，兄弟，怎么现在才抓住我啊！”

大卫·伯考维兹的童年经历十分符合麦克唐纳三要素的描述。年幼的伯考维兹有严重的尿床问题，也经常欺负那些小动物。据说他曾把氨水倒入鱼缸中，还用强酸去泼洒小鸟，为的只是欣赏这些小动物临死挣扎的景象。最明显的症状则是玩火。伯考维兹似乎对火焰非常迷恋，在杀人之前，他曾在纽约各地纵火超过 2000 多次。这一数字实在是令人咋舌!

值得一提的是，高承勇也有过虐待小动物的经历。据高氏家族的长辈介绍，高承勇小时候特别喜欢爬到树上掏鸟玩鸟，还会把抓到的小鸟送给别人玩耍。

如今，随着研究的一步步深入，人们越来越倾向于另一种观点：这三个要素与连环杀人行为并没有什么必然的联系。流行一时的麦克唐纳三要素成为一种颇具噱头的“都市传说”，频繁出现在各种犯罪题材的文学影视作品之中。

然而，麦克唐纳的理论虽然遭到了普遍质疑，但它依然有值得肯定的地方。玩火、尿床、虐待小动物，这些举动似乎都意味着儿童拥有一个并不正常的童年。关于这点学术界早已达成了共识，学者们发现大部分连环杀手都有一个共性——有着创伤性经历的童年。这些创伤性的经历包括了殴打、虐待、忽视、抛弃、排挤、背叛或者其他一些对儿童身心造成严重伤害的行为。

FBI 曾调查过 36 名连环杀手的童年经历，发现其中 74%受过精神虐待，42%受过身体暴力，43%受过性虐待，超过 50% 的父母有精神病史或犯罪记录。这些数字要远远超过正常人群。

我们同样来看一个例子。

2005 年 3 月 23 日，律师李长仁走进了沈阳中级人民法院，他被法院指派为震惊全国的“辽宁三号公案”凶手王强的律师。李长仁的面前摆着整整 37 本卷宗，上面的记录可以总结为以下几个数字：1995 年 1 月 22 日至 2003 年 7 月 14 日间的 8 年零 6 个月里，杀死 45 人，强奸 10 人。

李长仁曾问王强：“杀完人后你内心是怎么想的？”王强这样回答：“杀完人，干完活下班了。回家该吃的吃，该睡的睡。”审判时，王强面无表情，对受害者家属毫无歉意，甚至还与其中一位家属对骂。这样的冷漠、残忍让每个人都觉得不寒而栗。

在这样一个毫无人性的杀人狂魔背后，又有着什么样的童年呢？根据警方提供的资料，在王强 8 岁那年，父母离异，王强跟了父亲。不久后，父亲因殴打他人致重伤而入狱，管教王强的任务交到了爷爷奶奶手里。

爷爷奶奶不太喜欢他，经常嘲笑他，这让年幼的王强很难过。于是他又找到了母亲，但母亲没多久就改嫁，住到了男方家里，对他爱理不理。孤独的王强一气之下离家出走，到了沈阳。那时他还不到 14 岁，什么都不会，饿了就向别人乞讨，困了就睡在火车站，后来还跟着一个惯偷学会了偷窃，从此走上了犯罪的道路。

看到这里，在反思我们家庭教育的同时，有一个疑问冒了出来：痛苦的过去能成为他们伤害别人的理由吗？或者说，因为童年遭遇过不幸，我们应该减轻或者赦免对他们的惩罚吗？

答案显然是否定的。一方面，有太多的案例表明，连环杀手对自己的行为是有自知力和控制力的。他们知道自己残忍的行为会导致什么后果，却依然一意孤行；他们本可以放弃、停手，却为了自身利益而乐此不疲。他们无视法律，也泯灭了道德与良知。

另一方面，童年并非什么不可逾越的高墙，生活中有不少人也遭遇了与他们类似的经历，但他们没有消沉、堕落，更没有把不满与愤怒发泄到弱者身上。相反，“世界以痛吻我，我却报之以歌”，他们接受自己的过去，带着苦难前行，努力追寻着幸福的人生。

我很喜欢电视剧《金牌女王》中的一段台词：

“他们（罪犯）说自己的成长经历，说自己不被父母爱护，说社会对自己不理不睬，尽说这些让人腻烦的狡辩和自欺欺人的废话。我告诉你们，即便是被塞入同样的环境，不，即使是遭遇更残酷的命运，很多人也绝不会犯罪，绝不会去伤害、欺骗、抢劫、杀害他人。会那么轻易剥夺他人尊严的人，他心琴的弦早就一根不剩了，一根不剩！”

血腥的智能木马

2001 年的夏天，河南省平舆县附近一家再普通不过的农舍里，一对夫妻带着两个儿子正在打包行李，他们要去县城里帮人养猪赚钱。这对夫妻把 27 岁的大儿子黄勇留在了家中看家。面对亲人的离开，黄勇表面上露出依依不舍的表情，但内心却雀跃无比。他意识到，那个隐藏在心中多年的愿望终于有了实现的机会。

你小时候的梦想是什么？成为科学家、飞行员或者工程师？黄勇的梦想显得有点与众不同。小时候的黄勇特别喜欢看电影，尤其是杀手片。杀手那种来去自如、冷酷潇洒的行事作风在他心中留下了深深的烙印。他在内心暗暗发誓：我一定要成为一名杀手。

十多年过去了，当初埋下的那颗邪恶种子终于破土而出。父母与弟弟的离开给了黄勇独处的机会，他开始了他的杀手计划。有一天，他看到家里的轧面条机支架后突发奇想，为什么不做一台杀人机器呢？他把支架进行了改装，更换了木板，涂上了绿色油漆，然后躺在上面试了试，发现非常合适。黄勇还给这台杀人机器取了个名字——智能木马。

2001 年 9 月初，黄勇开始了他的第一次尝试。他坐车来到了县城，在录像厅门前搜寻着自己的目标。一个名叫王平（化名）的 15 岁男孩引起了他的注意，一番交谈之后，黄勇取得了王平的信任。随后，他以拿钱资助王平上学的名义，把他骗到家中。

黄勇的家里摆着的正是那台智能木马，黄勇告诉王平："这是一种游戏，能够测试一个人的反应能力有多强，你要不要试试？"毫无戒心的王平自信地躺上了木马，躯干朝上，头部卡在一头，双手被绑在木马腿上。就在这时，黄勇突然拿出白布条，狠狠地勒住了王平的脖子，一条年轻的生命就此逝去。

初次杀人的黄勇显得异常兴奋，却又冷静无比。他用厨房内的菜刀将尸体切割成七块，埋在了院子靠近厕所的地面之下，因为这样容易掩盖住气味。他仔细收拾了作案现场，洗干净了菜刀，还将受害者的衣服全部焚烧，没有留下任何痕迹。

就这样，在河南省东南部这座偏僻的小县城里，噩梦一次又一次上演。从 2001 年 9 月到 2003 年 10 月间，先后有 17 名男青年死在了黄勇之手。

2003 年 11 月 4 日，又一名受害者张雷被骗至黄勇家中，但这次黄勇并没有再杀人，犹豫良久后把张雷放回了家。后来有记者采访过黄勇，他解释说自己第一次杀人太匆忙、太紧张，没有好好体验当杀手的感觉，于是又有了第二次、第三次……到最后已经完全不能控制自己，不停地杀了下去。在杀掉第 17 个人后他觉得已完全掌握了杀人技术，腻了，不想再这样下去。

捡回一命的张雷回到家中，将一切事情都告诉了家人。最终，在张雷及家人的举报下，这个心怀杀手梦想的血腥刽子手终于落入法网。

犯罪心理学家发现，固定的模式是大多数连环杀手都具备的行为规律。只有通过这个固定的行为模式，连环杀手才能体验到快感，满足内心变态的需求。在这里，固定的行为模式主要是指作案方式、受害者类型和战利品。我以黄勇案为例为大家一一解读。

作案方式

在黄勇的 17 起杀人案件中，有 16 起作案方式如出一辙：在县城各地录像厅、游戏厅或者网吧物色受害者→投其所好，将受害者骗至家中

→引诱受害者躺在智能木马上→用白布条将受害者勒死→分尸埋在家中，焚烧衣物。唯一的一起不同的，是因为受害者有两个人，使用智能木马并不合适，于是黄勇选择将两个人灌醉后杀害。

FBI 十分重视对连环杀手作案方式的分析，他们将其分成两类：手法与标记。手法是凶手完成犯罪所必须用到的具体手段，它会随着犯罪次数的增加而越来越熟练；标记是凶手的一种“多余”且相对固定的行为，它对于犯罪本身并无帮助，只是凶手为了满足欲望而使用的一种手段。FBI 还指出，通过对连环杀手标记的分析，我们就可以了解杀手的犯罪心理状况，确定侦查方向。

在黄勇一案中，诱骗、勒杀与埋尸显然都是手法，是黄勇顺利完成杀人所必需的步骤；智能木马则属于标记，它对于杀人来说并不是那么不可或缺，更多是为了迎合黄勇变态的杀手梦想。

再以（第二章）提到过的连环杀人犯张友添为例。他典型的作案方式是：以摩的搭客为名等待女性受害者→在偏僻处要求与对方发生性关系→用钝器将对方杀害并抢走财物→残忍破坏对方生殖器。其中，残忍破坏对方生殖器属于张友添特殊的标记。

不难推测，这一标记的背后是张友添对女性变态的仇恨心理。他 16

岁在东莞一家果场打工，被50岁果场老板娘诱奸，遭到了工友们的无情嘲笑；连续3次婚姻都以悲剧收场，第一任妻子离家出走后再无音讯，第二任妻子不堪家暴喝农药自杀，第三任妻子更是在争吵中直接被张友添杀害。

受害者类型

黄勇杀害的对象无一例外都是15～20岁间的男青年，之所以选择这些人，黄勇给出了两个理由：第一，杀女人显示不了英雄气概；第二，这个年龄段的人没有太多社会经历，缺乏自我保护意识，容易上当受骗。

性别、年龄、种族、职业、长相、打扮、穿着……这些都可以成为连环杀手选择受害者的标准。与作案方式一样，了解受害者的共性同样可以帮助警方掌握凶手的犯罪心理，做出准确的心理画像。

前文提到的许仁忠专杀幼女，因为他认为吃掉她们的肉可以治疗自身顽疾；20世纪七八十年代活跃于英国的“约克郡屠夫”皮特·威廉·撒特克里夫，他杀害了13名站街妓女，因为他相信杀死妓女是上帝赋予他的“神圣使命”，他的行为是在“净化社会”。

战利品

就像猎手喜欢将猎物的首级悬挂于家中一样，大多数连环杀手都从犯罪现场带走某种“战利品”。这些战利品可以是受害者的肢体、衣物、首饰，也可以是犯罪现场的录像、照片，等等。

在凶手作案的冷却期里，战利品能激活凶手的杀人回忆，给予他间接的满足和享受。有些凶手甚至会把战利品分享给家人与朋友，在自我吹嘘中获得更刺激的快感。

黄勇一案中，因为犯罪现场就是黄勇住所，他并不需要特殊的战利品。但在其他一些连环杀人案件中，这一点表现得很明显。1982 年，香港“雨夜屠夫”一案轰动一时。凶手林过云利用自己出租车司机的身份，连续杀害了四名女性乘客。令人发指的是，他强奸并肢解了受害者的尸体，将部分残肢放入冰柜保存；还拍摄了大量的残肢照片，将肢解过程制成了录像带。

这些残肢、照片和录像就是林过云收藏的战利品。被捕之后林过云向警方表示，他杀人是为了“替天行道”，他希望这些女性残肢照片能成为历史图片，希望全世界的人都看到他拍的照片。

从某种程度上讲，这些连环杀手的确达到了自己的目的。在若干年后，黄勇、林过云、撒特克里夫……他们的名字依然会被人们不断提及，不过不是作为一名英雄，而是历史长河中一个丑陋的“注脚”。

蛇蝎美人马艳红

说起连环杀手，人们似乎总是将其与男性联系在一起，认为这是男性的“专利”。实际上，虽然大多数连环杀人案件的确是男性所为，但女性成为连环杀手也并非什么可笑的天方夜谭。而且，由于女性作案隐蔽性强，加上人们先入为主的性别观念，女性连环杀手通常更加难以被发现。

接下来要讲的一个故事，就是关于一名女性杀手的。

佳木斯市位于黑龙江省东北部，与俄罗斯接壤。它是中国最早迎接太阳升起的城市，因此得名“东方第一城”。1994 年 9 月初的一天，佳木斯的阳光像往常一样早早到来，在永红区（现归郊区管辖）松花江岸边的一处草丛中，有路人发现了两袋散发着恶臭的塑料袋，打开一看不得了，里面装着腐烂的大腿。随后，永红区各地又陆续有人发现了尸体残块。

警方将收集到的尸块拼凑起来，发现是三个人的尸体：一男一女一个小孩。由于尸体都没有头部，也没有家属来报案，无法确定尸源，此案查了很久都没有头绪。

9 个月后，同样的悲剧又一次上演。在三合大桥和附近稻田的水沟里，又发现了被塑料袋装着的尸块。拼凑起来后发现死者是一名男性，同样没有头部。从作案手法来看，警方认定两起案件极有可能是同一人所为。这也就意味着，有一个连环杀手正在佳木斯，他很可能会再次杀人。

根据法医鉴定，死者年龄 32 ~ 35 岁，身高 1.80 米左右，体格强壮，左手腕有伤疤。如何确定尸体身份呢？警方没有坐以待毙，他们想到了电视台。第二天，佳木斯电视台在播放新闻时插入了一条寻人启事：一男子被车撞伤正在医院抢救，身高 1.80 米左右，魁梧，左手腕有伤疤……知情者请拨打电话 ×× 告知，必有重谢！

没过多久，家属出现了。一位董姓老人拨打了这个电话，说他怎么也联系不上自己的儿子董大庆。根据老人的描述，董大庆十分符合尸检的结果，尤其是左手腕上也有个伤疤，那是他与人争论时被啤酒瓶划伤的。

警方迅速赶到了董大庆的家中，发现了大量的血迹与肉末。看来死者就是董大庆无疑了，他就在自己的家中被人分了尸。根据邻居反馈，董大庆最近交了个女朋友，叫作任秀娥，人长得特漂亮。于是，找到任秀娥成了破案的关键。

然而，原本看到了一丝希望的警方发现，案件又一次走入了死胡同。

董大庆与任秀娥是通过信息部认识的（类似现在的婚介所），警方好不容易找到了介绍两个人认识的“唯美信息部”，却发现任秀娥这个人根本就不存在，名字是假的，信息是伪造的。

事到如今，警方只能采取最后一个办法。他们邀请了肖像画专家，根据董大庆邻居和婚介所工作人员的描述描绘出了女方的画像，张贴在佳木斯的各个大街小巷。画像贴出后，有不少人跑来反映情况，可没一个靠谱的，反而浪费了警方大量的时间与精力。

直到有一天，一位从附近桦川县来的老太太看见了这个画像，她告诉警方：这个画像很可能是同村老马家的三丫头。三丫头叫马艳红，桦川县人，结过婚，1993 年离异后独自一人在佳木斯生活。老太太还说，马艳红长得眉清目秀，但不走正道，私生活混乱，在村里名声很差。

根据老太太提供的信息，警方迅速铺开一张抓捕的大网。没多久，马艳红在一家银行取钱时被逮个正着，而她手中拿着的正是董大庆的两万元存折。

事后，马艳红交代了自己作案的经过。之前被杀害的一家三口是她来佳木斯租房时的房东。她称自己为王兰，老公出轨后被抛弃，不得已只能来佳木斯打工。善良的房东一家人可怜这个小姑娘，对她百般照顾。一天，房东一家三口准备出趟远门，从银行取出了 5000 元钱，要知道，那时候的 5000 元可不是一个小数目。见钱眼红的马艳红心生歹意，以送行为由在酒水中下了安眠药，将一家三口迷晕后残忍杀害。

之后，她又伪造个人信息与经历，通过信息部认识了公职人员董大庆。马艳红本就漂亮，又装出一副温柔贤惠的模样，将董大庆迷得神魂颠倒。没几天，马艳红就获得了董大庆的信任，住进了他的家。又过了没多久，马艳红故伎重施，先是用言语试探出董大庆有两万元存折的事实，后使用安眠药将其迷晕后杀害。

看完了马艳红案，我们接下来来聊一聊，与男性连环杀手相比，女性连环杀手又有着怎样不同的犯罪心理。

从作案动机上看，不同于男性连环杀手对快感的追求，女性连环杀手更看重的是物质利益。美国加利福尼亚州立大学的犯罪心理学家埃里克·希基调查了 62 位女性连环杀手后发现，其中 74% 的女性罪犯都是为一个相同的目的——金钱。

从作案对象来看，男性连环杀手多选择陌生人作案，而女性连环杀手杀害的对象更多的是自己的配偶、亲人、朋友或其他熟人。这一现象与自然界中黑寡妇蜘蛛吃掉自己配偶的行为如出一辙，所以有人将这种类型的女性连环杀手命名为“黑寡妇”。

从作案手法上看，由于女性先天条件所限，她们不太可能采用与男性连环杀手相同的暴力手法，比如枪杀、砍杀、锤杀、勒死等。根据统计数据，80% 左右的女性连环杀手采取了下毒或下迷药的方式。对女性而言，这种方式更隐蔽，也更容易成功。

不难看出，马艳红案件与上面三条标准十分吻合。我们可以再来看看其他案件。

玛丽安是英国历史上出现的第一名女性连环杀手。为了获取保险赔付金，她在食物中下毒，从 1843 年起先后杀害了自己的丈夫（好几任）、小孩、母亲、亲属和情人共 21 人。20 多年后，直到玛丽安再一次杀掉自己的丈夫弗雷德里克，警方才注意到了这一连串“意外”背后的真相。1873 年 3 月，这名“黑寡妇”被处以绞刑。

2009 年，日本同样出现了一名可怕的女性连环杀手——木岛香苗。她利用网恋的方式赢得男性的信任，然后相约在现实中见面。利用各种理由借到对方钱财之后，她用安眠药让对方丧失意识，接着在密闭的房间里点燃炭炉，制造成对方一氧化碳中毒的假象。一年不到的时间，木岛香苗连续杀害了 3 名男性，但最终还是被警方识破。

此外，犯罪心理学家还在女性连环杀手身上发现了一种病态的心理特征——代理型孟乔森综合征。18 世纪的德国，一位名叫孟乔森的男爵总是用装病来吸引别人的注意，后来医学界将这种现象命名为孟乔森综合征。

代理型孟乔森综合征则是孟乔森综合征的一种变形，指的是照顾者故意夸大或制造被照顾者的病状，营造出自己“精心关爱”他人的表象，来获得外界的关注与赞扬。代理型孟乔森综合征的严重患者甚至会故意毒害被照顾者。

犯罪心理学家发现，女性连环杀手中存在着不少这样的“死亡天使”，其中以护士居多。例如，1989 年，在美国马萨诸塞州的退伍医疗中心里，护士克里斯滕 · 吉尔伯特以注射肾上腺素的方式杀害了 4 名病人，还有 3 起谋杀未遂；1993 年，在英国一家儿童医院，护士贝弗利 · 阿丽特在不到两个月的时间里，以注射胰岛素或氯化钾的方式杀害了 4 名男童，另有 6 名男童重伤。

本章解析了连环杀手变态的犯罪心理，也许正如约翰 · 道格拉斯所说：“我坚信那些杀手是另一种生物。”阅读完之后，希望读者们不仅仅只是惊叹于这些离奇血腥的案件，而是在了解犯罪心理规律的基础上，反思人性，认识自我。我们不是受欲望摆布的怪物，人之所以为人，是因为我们知道什么是爱，什么是恶，什么能做，什么永远不能做。

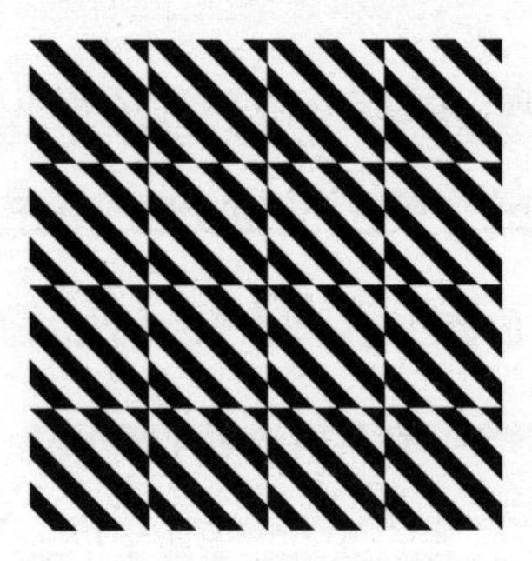

Chapter 6

在内心留一盏明灯

盗窃犯罪心理

我最讨厌你们这些打劫的了，一点技术含量都没有！

——《天下无贼》

“鼓上蚤”时迁、“锦毛鼠”白玉堂、“盗帅”楚留香，这三位小说人物大家一定不陌生。时迁东京盗甲，白玉堂智偷三宝，楚留香妙手空空，有着不同传奇故事的仨人却有着一个相同的身份——小偷。

小偷，更官方的表述是盗窃犯，指的是以非法占有为目的，盗窃国家、集体或个人财物的犯罪人。盗窃犯的犯罪形式主要有两种：扒窃与入室盗窃。扒窃，指在公共交通工具或者公共场所窃取他人随身携带的财物；入室盗窃，指非法侵入建筑物内窃取公私财物。

作为一个自私有制诞生起就存在的古老“职业”，盗窃也是现代社会最普遍、最常见的一种犯罪类型。根据中国统计年鉴的数据，2017 年全国公安机关立案盗窃刑事案件达到 340 多万起，占全年刑事案件总数的 63.1%，远远多于其他类型。相信不少人都有过被盗的经历，作者就是一个典型的受害者，从学生时代算起，我共被盗窃手机两部、MP3 一个、牛仔外套一件、伞一把，个中辛酸实在是不足为外人道也。

抛开过去的糟糕回忆，今天我们来聊一聊盗窃犯罪心理。

心理学史上最著名的盗窃犯

海因兹，一位几乎所有心理学相关人士都认识的著名“盗窃犯”。然而，他并非什么真实人物，而是美国教育心理学家科尔伯格创造出来的虚拟角色。科尔伯格想要研究的是人们的道德发展水平，为此他专门设计了一系列道德两难故事，其中最有名、最常被引用的就是“海因兹偷药案”。

海因兹的妻子身患重病，只有镇上一位医生发明的药物可以救她。因为此药相当稀缺，医生的要价很高。海因兹拿出所有积蓄，又四处借钱，还是还远远不够。走投无路之下，他偷走了医生的药物。

接下来问题来了：你觉得海因兹做得对吗？为什么？

显然，这个问题并没有正确答案，科尔伯格也不关心你是做出“肯定”还是“否定”的回答，他关心的是你做出道德判断的理由。根据你提出理由的不同，就可以看出你处于道德发展水平的哪个阶段。

在科尔伯格看来，除了法律，道德也是人们主动约束自身行为的一个重要因素。在这一点上，盗窃犯体现出了与其他类型罪犯相对不一样的心理特征，那就是“盗亦有道”。

当然，盗窃犯之所以选择盗窃这种物欲型犯罪，最显著的心理特征必然是极强的金钱欲。他们好逸恶劳、贪图享乐、自私自利，而且屡教不改，犯罪心理呈现出长期化、职业化的倾向。

2016 年 1 月，在浙江台州市仙居县，48 岁的梁某因扒窃被警方抓获。警方这一调查可不得了，发现此人是个惯偷。他从 18 岁开始偷窃，30 年来共被抓获 12 次，累计获刑 20 多年，而且此次作案离他上次出狱还不到 3 个月的时间。在审讯中，梁某告诉警方：“不干这行，不知道还能干点啥。”

然而，在对金钱强烈渴望的背后，盗窃犯的暴力倾向性似乎并没有抢劫犯、强奸犯、杀人犯那么强，他们相对来说还保留着一定的道德底线，或者说“行规”吧。我曾经问一名惯偷：你为什么会走上偷窃这条路？他给我的回答是：干这行危险系数小，不会伤害别人性命，我只是求财，又不是玩命。

黄庭利，外号黄瘸子，是中国 20 世纪 80 年代一个 100 多人盗窃团伙的主谋，被称为中国第一贼王。黄庭利专挑火车下手，在 5 年之间，他和同伙几乎偷遍全国，作案地点涉及 7 省、13 个铁路局的 30 多辆列车。1984 年，在警方的天罗地网下，黄庭利最终落网。被捕后黄庭利告诉警方，他给团队定下了一条规矩：穷人和孕妇绝对不偷。他说，穷人本来就没钱，自己也是穷人出身，偷他们于心不忍；偷孕妇的财物，怕她一时激动影响了胎儿，这是缺德事不能干。

贼王黄庭利并不是个例，许多盗窃犯都有自己的行规。有的不偷老人、学生和穷人；有的不偷手机、证件和银行卡；有的每次只偷一部分，要给受害人留一点；有的只偷现金，绝不碰贵重物品……正是因为如此，盗窃犯有一个更文雅点的别称——“梁上君子”。

看完了心理特征，再看看盗窃犯的行为特征，我将其总结为“三强”。

1. 观察力强

盗窃犯大多思维敏捷，观察力强。通过对人们外貌、衣着、行为、表情等的观察，扒窃犯往往能从人群中迅速判断出谁可能有钱，谁戒备心不足，谁容易下手，从而确定作案目标。入室盗窃犯则善于观察住宅、门店、公司的防范漏洞，寻找容易侵入的目标，比如窗户没关好、防盗门等级太低、监控摄像头死角等。

在湖北武汉发生的一起盗窃案中，一对情侣光天化日下丢了东西。当时俩人正在公园谈恋爱，卿卿我我、你侬我侬之际，眼睛里哪里还容得下别人。盗窃犯敏锐地观察到这点，偷偷摸摸靠近，拿走了他们的钱包和手机。

浙江温州的一起盗窃案更神奇。盗窃犯王某在街上闲逛，发现一家电子设备门店的大门存在漏洞。即使挂上大锁，两扇门在外力下依然会交错出近 30 厘米的缝隙。王某身材瘦小又练过缩骨功，居然硬是从这么个小缝中钻了进去，偷走了两台笔记本电脑。

2. 隐蔽性强

盗窃犯作案手段狡猾，隐蔽性强，一不留神就容易中招。扒窃犯经常手拿衣服、报纸、雨伞等作为掩护，趁人不备实施盗窃行为；还有的扒窃犯会利用拥挤、搭讪、美色、争吵等方式分散目标的注意力，看准时机下手。入室盗窃犯则会很有耐心地踩点，摸清楚居住者的作息规律，寻找最可靠的作案时间。

对于惯偷而言，他们在长期的盗窃生涯中总结经验，吸取教训，慢慢摸索出了一套有针对性的偷窃模式，更加让人防不胜防。

2018 年 8 月，江苏高邮警方破获了一起系列盗窃案。盗窃团伙一人假扮哑巴碰瓷，另一人假装路人好意调解，趁混乱从受害人身上扒窃财物。

利用这种方式，他们在安徽、江苏等地作案 20 余起，盗取 3 万多元。

2018 年 10 月，在湖南长沙，一名偷窃 15 年从未被抓的入室盗窃犯终于被警方抓获。他告诉警方，自己摸索出了一套固定的盗窃模式：先是通过观察小区业主的私家车档次来挑选作案对象；然后尾随业主回家，踩点观察其作息规律；最后找一个业主外出的时间，撬开锁具入室盗窃。利用这套盗窃模式，他百试百灵，从未失手。可人算不如天算，当天业主因身体不适请假回家，在家中将他堵个正着。

3. 技术性强

与其他罪犯相比，盗窃犯还有一个不一样的特点：他们大多有一技之长。有的双手敏捷，动作迅速，能悄无声息地徒手或利用工具拿走财物；有的会飞檐走壁，体力充沛，在房屋上来去自如；还有的擅长撬锁、开保险柜，眨眼间破解各种防范。

在深圳的一起盗窃案中，盗窃犯趁受害者李某上公交车的时机，2 秒之内就将其裤袋中的手机偷走，在另一起入室盗窃案中，尽管失主安装了 3000 多元的指纹锁，盗窃犯依然在 7 秒之内解锁，偷走财物价值 8 万多元。

冯小刚拍摄的电影《天下无贼》让我印象十分深刻。在一辆返乡火车上，民工傻根（王宝强扮演）带着自己辛苦打工赚来的一笔钱，准备回老家盖房子娶媳妇。傻根天性善良，执着地认为这个社会“天下无贼”。一对雌雄大盗（刘德华、刘若英扮演）感动于他的纯朴，在与反派黎叔（葛优扮演）的犯罪团伙斗智斗勇之中，用生命守护着他的钱财。

的确，盗窃犯特殊的心理与行为特征使得盗窃成为一种具有道德底线的技术性犯罪。然而，不管再怎样“盗亦有道”，这也改变不了盗窃是违法犯罪行为的事实；不管目的再如何高尚，国家、公民的财产也绝不应该被非法占用。“有缺点的战士终究是战士，宝贵的苍蝇也不过是苍蝇”。

不差钱的小偷

2016 年 8 月，北京市东城区的民警小张和同事们破获了一起盗窃案。这本是个再普通不过的案子，但抓到盗窃犯后小张有点纳闷了：这个罪犯家庭环境优越，根本不差钱，为什么要去偷东西呢?

徐丽丽（化名），北京东城区人，父母都是国企员工，家庭经济状况良好。徐丽丽从小就听话懂事，成绩优异，从重点小学、重点初中、重点高中一路读到名牌大学，一切都是顺风顺水。

按照徐丽丽父母的规划，女儿毕业后找个好工作，然后结婚生子，一家子就幸幸福福的了。然而，因为徐丽丽大四那年发生的一件事情，一切都改变了……

临近毕业，徐丽丽在一家服装店里看上一个小包。因为手上钱不够，店里又不能刷卡，徘徊许久的徐丽丽萌生了偷包的想法。当时店里人挺多，她趁店主和周围人不备，迅速把小包塞进了自己随身携带的大包里，然后赶紧走了出去。

一直以来都循规蹈矩的徐丽丽，此刻心里紧张得扑通扑通乱跳，大脑也是一片空白。待她回到宿舍，慌乱的心这才平静下来。徐丽丽回忆刚才的经历，突然体味到了一种从未有过的刺激与快感。

从此之后，徐丽丽迷恋上了偷东西的感觉。在学校附近的超市和商店里，她又陆续作案六次，从来未被发现过。徐丽丽还把自己每次偷盗的经历记在了一个笔记本上，时不时拿出来翻阅一下，重温那种成就感。

在又一次盗窃中，徐丽丽被抓了。知道此事的父母吃惊不已，因为家里条件不错，对徐丽丽也是有求必应，哪里需要去偷呢。2003 年 1 月，徐丽丽因盗窃罪被拘役 6 个月，罚款 3000 元。

服完刑之后，父母琢磨着让她换个环境，把徐丽丽送到了日本读书。3 年之后，学成归来的徐丽丽在一家外企找到了一份翻译的工作，待遇不错。看样子，美好的未来正在向徐丽丽一家招手！

然而好景不长，随着工作压力的不断增加，徐丽丽的“老毛病”又犯了。2013 年 8 月，30 岁的徐丽丽再次因为盗窃罪被判刑 7 个月。出狱之后，工作肯定是丢了，她只能在自己姐姐的公司里打打下手，做做杂活。

2016 年 7 月 29 日早上，徐丽丽告诉姐姐，她要去常去的理发店做个头发。由于时间还早，理发店还没开门，徐丽丽就在附近写字楼闲逛，然后鬼使神差地走进了10楼的一家摄影公司。徐丽丽事后回忆："我当时的脑子好像完全不由自己支配。"

当时正是上班高峰期，她尾随公司职工混进了这家公司。在一间无人的办公室里，她看到桌子上摆着一架单反摄像机和几个镜头，赶紧装进了自己的背包。临走时，她还顺手牵羊，拿走了一台笔记本电脑和一套遮光罩。

一个星期后，徐丽丽在姐姐公司里被抓获。她没有惊慌，也没有狡辩，而是带着警方来到了一个柜子前。柜子里面放着的正是她偷来的物品，一件都没少。

徐丽丽的这种情况属于典型的"病理性盗窃"，即我们通常所说的"盗窃癖"，指的是在强烈欲望的驱使下，难以自我控制而实施偷窃行为的一种心理障碍。根据美国精神学会《精神障碍诊断和统计手册》第四版的判断标准，病理性盗窃者有以下几点表现：

（1）不能克制盗窃冲动，盗窃既不是为了个人使用，也不是为了经济价值。

（2）盗窃前紧张感加剧。

（3）盗窃时有快感或轻松感。

（4）盗窃不是为了发泄愤怒或报复。

从这个角度来看，病理性盗窃并不完全是个体有意为之的一种犯罪行为，而是更类似于抑郁症、强迫症、焦虑症这样的疾病。目前，关于病理性盗窃者的人数比例，官方尚未有确切的统计数据。但是，在实际生活中，病理性盗窃发生的概率并不低。有继承千万家产的富二代偷走路人 1000 元钱，有白手起家的公司老板深夜解锁后入室行窃，有娱乐明星趁人不备偷拿超市物品，有海归硕士专偷星巴克的产品……

从大量案例中，犯罪心理学家发现了病理性盗窃者与一般盗窃者的几点不同：

（1）一般盗窃者大多出身贫寒，受教育程度低，选择行窃时为了满足自己的物质欲望；病理性盗窃者大多家境不错，生活无忧，受教育程度高，选择行窃是因为可以从中获得快感。

（2）一般盗窃者对盗窃对象、盗窃物品具有很强的目的性，越好偷、越值钱、越难发现为宜，他们关注的是盗窃结果；病理性盗窃者不在乎偷谁，也不在乎偷什么，他们不太关心物品价值多少，而是关注盗窃行为本身。

（3）一般盗窃者盗窃成功后，通常现金会迅速花掉，物品会迅速转手销赃；病理性盗窃者盗窃成功后，他们很少使用或出卖所盗物品，有的甚至会将物品收藏起来，时不时拿出来欣赏。

经常会有人问我，到底什么是心理学。我通常会这样解释，心理学就是“心安理得”之学，通过了解心理运行的道理，让每一个人都能心安。徐丽丽的故事就是一个很有代表性的例子，她的问题正是出在“心”上。

第一次盗窃时，如果她能正视内心，寻求改变；父母第一次了解情况时，如果能不讳疾忌医，帮女儿积极寻求心理援助；第一次入狱时，如果有关部门能及时给予心理干预，做好心理疏导，也许这一切都会不一样。

行为的中止不是终点，心理的改变才是目标。当然，这不是某个人、某个家庭或者某个部门单独的事情，而是需要整个社会的共同努力！

贼输一眼

出门逛个街，手机被偷了；坐个公交车，钱包被偷了；外出旅游，家里东西被盗了……中国人民公安大学著名犯罪学教授王大伟指出，一个人的一生平均要遭遇三次犯罪，其中两次就是盗窃。面对这些似乎无处不在、防不胜防的小偷，我们应该如何做好防范呢?

扒窃防范篇

陈桂枝，浙江省台州市三门县人，一个一眼望去再普通不过的 72 岁老太太。但谁能想到，在这个平凡的外表之下，有着一个执着而温暖的灵魂。

1972 年的冬天，上街采购年货的陈桂枝看到一伙人围在街头。打听后才知道，原来是一位农民老伯辛苦养猪卖得的 100 多元钱被偷走，老伯心灰意冷，万念俱灰，正打算跳河自杀。在周围邻居和朋友的劝说下，老伯最终放弃了轻生的念头。这件事给了陈桂枝极大震撼，她当即开始义务反扒，没想到这一做就是 40 多年。

40 多年来，陈桂枝共抓获扒手 4000 多人，追回财物价值 100 多万元。1994 年，她被破格录用为人民警察，并先后荣获全国优秀人民警察、全国三八红旗手、全国公安战线英模、全国劳模等荣誉称号，两次在人民大会堂受到党和国家领导人的亲切接见。

2000 年退休之后，陈桂枝依然没有闲着。三门县公安局专门成立了“陈桂枝反扒队”，每逢各地赶集日、节庆日，陈桂枝依然会带着徒弟们去抓扒手，分享经验，传授技巧。

在多年反扒生涯中，陈桂枝总结出四个字：贼输一眼。

就像监考一样，整个考场一眼望去，正常的考生都是在埋头做题，而那个时不时瞅一眼监考老师的考生，作弊的可能性很大。盗窃犯伪装能力再强，作案手段再隐蔽，盗窃手法再熟练，他的眼神依然会出卖他。这既是盗窃犯实施盗窃的需要，也是其做贼心虚的生理表现。盗窃犯的眼神特征主要表现为以下三种：

眼神特征一：四处观察别人，经常盯着口袋、包或行李。要么有钱，要么容易得手，这是盗窃犯确定下手目标的标准。为此，盗窃犯总是在人群中四处观察与搜寻，看别人是否孤身一人，看别人精神状态如何，看别人戒备心怎样，看别人随身携带什么财物，放在那里。

眼神特征二：左顾右盼，回头张望。确定下手目标后，盗窃犯会时不时地左顾右盼，回头张望，看看附近有没有摄像头，有没有警察，有没有被人盯上。确定周围环境完全安全后，他们才会决定下手。

眼神特征三：眼神空洞，神情呆滞。下手时，盗窃犯往往还会用余光来观察周边环境，此时眼睛会保持垂视或斜视状态，所以看上去会眼神空洞，神情呆滞。

了解了扒手的眼神特点，我们再来看看他们的扒窃工具和扒窃手法。扒手的扒窃工具比较简单，要么徒手，要么利用刀片、镊子、夹子等小道具；扒窃手法则五花八门，具体来说可以总结为以下三类：

（1）障眼法：利用各种手段分散或转移你的注意力，趁机下手。有的手拿报纸、公文包、雨伞等物品遮挡视线；有的故意制造矛盾、意外或争吵；女性扒手则利用姿色勾引或利用小孩博同情。

（2）拥挤法：在人潮拥挤之时趁乱下手。有的在公交车、地铁、超市等拥挤场所故意靠近或冲撞你；还有的是团伙作案，一群人围住你。

（3）顺手法：乘他人不备“顺手牵羊”。在车站、安检口、餐馆、商店和银行等地四处观察，趁人疲惫、疏忽或者繁忙时顺走财物。

知道了扒手的作案规律，我们就可以有针对性地采取一些防范措施，这里推荐几条供大家参考：

（1）移动支付如此便捷，没有特殊情况，随身不要携带太多现金。

（2）不宜在公共场合露富，或者大声通电话暴露自身财物情况。

（3）在公交车、地铁、广场、车站等人流拥挤、容易与他人有身体接触的地方，时刻关注自己的财物：手机、钱包等物品做到“三贴”，贴身、贴内、贴前；挎包、背包的拉链拉好，提在或背在身前；过安检时，盯紧自己的包、行李；别做“低头族”或者“听歌族”，保持一颗警惕的心。

（4）乘坐长途汽车、火车等交通工具时，行李要放在视野可见处，贵重物品、大额现金最好随身携带。当周围有人起身取行李时，一定要多加留意，谨防拎包、调包。孤身一人尤其要小心，最好不要打盹。

（5）在付款、取款时尤其注意财产保护，观看四周情况，防止有人尾随下手；在餐馆就餐、服装店试衣时，注意保管好衣物里的财物，放在视野可见处。

（6）如果发现钱包被盗，注意翻查周围的垃圾箱、厕所等隐蔽角落。为了防止被抓时人赃并获，扒手一般只拿现金，将身份证、银行卡等其余物品立刻丢掉。

（7）请立刻报警，或许你的财物无法挽回，但越早找到罪犯，就越能避免更多人受害。

入室盗窃防范篇

在武汉市某国有银行工作的小刘最近有点郁闷。前天傍晚，他和妻子晚饭后出去散了 1 小时的步，回家后发现家里竟然遭了贼，值钱的东西都被洗劫一空。小刘自认为家里防范措施做得还不错，怎么就这么倒霉呢?

要想知道原因，就让我们从一个经典的心理学实验说起。1969 年，美国心理学家菲利普 · 津巴多做了一个有趣的实验。他挑了两辆一模一样的汽车，一辆放在美国加州的帕洛阿托市，一辆放在了纽约的布朗克斯区。帕洛阿托市被誉为硅谷的中心，斯坦福大学、索非亚大学、惠普公司总部等都坐落在这里；纽约布朗克斯区则是典型的贫民窟，犯罪率在全美数一数二。

津巴多将停在纽约布朗克斯区那辆汽车的牌照摘掉，天窗打开，结果不到一天就被偷走了；停在帕洛阿托市完好无损的那辆，则一直无人理睬。是因为两个社区社会环境的不同，还是因为车辆状况的不同呢？津巴多做了进一步的探索，将帕洛阿托市那辆车的窗户敲出一个破洞。您猜结果如何？

不到 2 小时，这辆车就被偷走了！

人们将这种效应称为“破窗效应”，指的是个体对小问题的疏忽与纵容，会给罪犯一种容易得手的心理暗示，进而造成更大的损失。俗话说得好，不怕被贼偷，就怕贼惦记，破窗效应告诉我们，在家庭防范中一定要做好各种细节，别给小偷一个偷你的理由。

要做好这一点，其实并不难。入室盗窃犯的作案手法无外乎两个环节：踩点、入室。他们常用的踩点方式有以下几种：

（1）在住户房门的把手、门缝里塞上小卡片或者广告，如果好几天都没人清理，说明这户家里没人。

（2）在晚上观察各家各户的灯光，一片漆黑的很可能是家里没人。

（3）有些团伙作案的盗窃犯，会有人观察各家各户的作息规律，然后在住户大门外墙上做记号，给同伴留下讯息。比如，“+ −”表示白天有人，晚上没人；“− +”表示白天没人，晚上有人；... 表示家里三个人；⊙表示家里一个人。

（4）有的会用敲门、按门铃的方式来打探虚实，如果家里有人，他们会假装自己找人或者走错了楼层。

了解这些手段后，我们可以有针对性地做好防范。如果长时间外出，可以委托邻居或物业管家帮你及时处理各种卡片、广告；如果短时间外出，可以在家中留一盏灯；如果碰到门口有奇怪记号，赶紧擦除并报警；如果碰到陌生人敲门，记住长相并反馈给物业或社区居委会，必要时赶紧报警。

入室盗窃犯的入室方式大致可以分为两种：钻窗、撬锁。钻窗者多选择四楼以下较低楼层的住户，利用住户未关好窗户的漏洞钻窗而入；撬锁者多有着熟练的撬锁技巧，携带简易的撬锁工具，在短时间内迅速撬开门锁。

面对这两种入室方式，我们可以做好以下几点：

（1）低楼层住户要封上阳台或安装防盗网。防盗网间隔尽量严密，安装时尽量不要突出墙面，如向外突要在顶部加装铁皮，并使其顶部坡度要达到 60 度以上，以防其成为向上攀爬的“楼梯”。

（2）外出或睡眠时注意关好门窗，门一定要反锁。记住，没有反锁的门就像是没拉拉链的钱包，盗窃犯轻易就能撬开。

（3）不管是普通锁还是密码锁，门的锁芯很重要。现在市面上的锁芯分为 A 级、B 级和 C 级（超 B 级），技术性撬开三类锁的时间分别是 1 分钟以内、高于 5 分钟和高于 30 分钟。所以，尽量购买 C 级锁芯，切勿贪图便宜而因小失大。

（4）门上的猫眼一定要安装有挡板。如若没有，盗窃犯可以利用特殊工具从猫眼伸入室内，打开门锁。

（5）有条件的住户可以购买门磁、防盗报警器、监控摄像头等技防设备；商户还可以在大门上贴上警示标语：“您已进入监控区域”。

（6）有条件的住户可以在家里养条狗，这是古人最常用的防盗方式，简单有效。

回到开头提到的盗窃案。小刘和妻子外出散步，房屋里一片漆黑，结果就被小偷钻了空子。如果他出门前能在家里留一盏灯，也许结果就会不一样……

千防万防，最重要的是心防。在家里留一盏明灯，也要在心里留一盏明灯。

Chapter 7

无形的陷阱

诈骗犯罪心理

> 随便什么都比虚伪和欺骗要好。
>
> ——列夫·托尔斯泰

这个世界到处都是美好，这是山东女孩徐玉玉接到那个电话后的想法。

时间来到 2016 年的那个夏天。在山东省临沂市罗庄区中坦村的一栋普通楼房里，拿着刚刚送到的录取通知书，徐玉玉高兴极了。在前不久结束的高考中，她发挥出色，以 568 分的总成绩被南京邮电大学录取。父亲后来回忆说："那时是女儿最开心的时候，得知考上理想的大学，她做什么事都是蹦蹦跳跳的。"

徐玉玉家庭经济情况一般，母亲腿有残疾，只靠着父亲在外干瓦工赚钱。考虑到不菲的大学学费，徐玉玉向当地教育局提交了贫困家庭助学金申请。随后，工作人员告诉她申请已经通过，钱很快就可以发放。

8 月 19 日下午，徐玉玉接到了那个改变她一生的电话。那是下午 4 点半左右，对方自称是教育局工作人员，有一笔 2680 元的助学金要发放给她。由于前一天才接到过真的电话，加上对方可以准确说出徐玉玉及家人姓名、录取学校等信息，徐玉玉并没有怀疑。对方以激活账户为由，诱使徐玉玉来到银行，将家里好不容易凑出来的 9900 元学费全部打入了指定账户。

完成这一切后，徐玉玉迟迟没有等到对方回信，回拨电话后发现已关机，这时徐玉玉才意识到不对劲，自己被骗了。

那一瞬间，内疚、后悔和自责压倒了这个笑容开朗的女孩，在与父亲报警后回家的路上，徐玉玉因伤心过度引发了心脏骤停。这个可爱的小姑娘，她还没来得及走进南京邮电大学的大门，没来得及看看秦淮河、乌衣巷和鸡鸣寺的风光，没来得及迎接人生中最美好的四年时光，就这样永远地离开了人世。

徐玉玉过世后，类似的事件依然时有发生。2016 年 5 月，甘肃天水一位中学职工被骗 23 万，因心理压力过大上吊身亡；2016 年 8 月，广东揭阳一位 19 岁女大学生被骗 9800 元后跳海身亡；2018 年 6 月，吉林一名女性网上还贷被骗 8 万元，写下遗书后服毒自杀……

这一件件诈骗导致的悲剧告诉我们，这个世界并不都是美好，依然有人在辜负着信任，践踏着真诚，摧毁着希望。

对此，我们可以悲叹，但更应该警醒。

李万铭的诈骗人生

2007 年 2 月 6 日的晚上，首都北京保利剧院座无虚席。为纪念中国话剧百年诞辰，今晚将在这里上演老舍的话剧作品《西望长安》，表演者正是大家喜爱的著名演员葛优。

100 多分钟的演出中，整个剧院笑声与掌声不断。葛优用自己精湛的演技和出色的舞台感染力，将骗子“栗晚成”的荒诞故事惟妙惟肖地呈现在观众面前。

你知道吗，剧本《西望长安》并非杜撰，而是改编自新中国成立后的一起惊天诈骗案，主角“栗晚成”的原型正是被称为“开国第一骗”的李万铭。通过诈骗手段，他从一个国民党普通士兵开始一路高升，到最后甚至担任了新中国中央农林部行政处长一职。

接下来，让我们一起回顾李万铭的诈骗人生。

1927 年，李万铭出生在陕西省安康县的一户商人家庭。其父开过粮栈、酒铺和山货店，经常弄虚作假，以次充好。显然，这种坑蒙拐骗的恶习继承到了李万铭身上。在成长阶段，李万铭偷过考卷、图书、手表、邮件，还学会了模仿笔迹和刻印章。

1945 年，18 岁的李万铭加入了国民党，报名参军入伍，成为 207 师的一名普通士兵。高官厚禄、荣华富贵，这些欲望诱惑着年纪轻轻的李万铭，也让他坚定了内心的信念：不骗成不了大事。

1949 年，国民党军队在正面战场节节败退，他趁乱逃到了江苏南京。随后南京解放，他利用会模仿笔迹和刻印章的优势，伪造了证件，混入了中国人民解放军二野军政大学。接着，他利用同样的手段，伪造介绍信，成为常州市人民政府建设科科员。他嫌职位太低，再次故伎重施准备混入苏南行政公署（当时一个省级行政区）工作，不料被人事部门识破，入狱 3 年。

1951 年，李万铭因表现良好提前出狱，但这一切都是假象，早已利欲熏心的他不但不思悔改，反而行事更加激进。他利用“二野军政大学”这块金字招牌，伪造了时任陕西省人民政府主席马明方的介绍信等一系列证件，成功混进了陕西省人民政府，担任民政科科员的同时，也是一名共产党员、“人民功臣”和“革命残废军人”。

接着，他利用类似手段一路攀升，顺风顺水，竟然成为中南军政委员会农林部的人事处副处长、党总支书记。不仅如此，他还“骗”得美人归，迎娶了单位里年轻漂亮的女孩但琦。

1953 年，各大区被撤销，李万铭调任中央林业部行政处长。对此他依然不满足，继续伪造各种信件来标榜自己，以牟取更高的职位和待遇。

1955 年，屡试不爽的李万铭终于露出了狐狸尾巴。途经西安时，他碰到了中共陕西省委书记张德生一行。聊天中，李万铭虽然对答如流，但错漏百出，引起了对方的怀疑。在张德生书记的指示下，陕西省公安厅顺藤摸瓜，查明了犯罪事实，依法将李万铭逮捕。知道真相后，妻子但琦立刻与其离婚，带着两个孩子远走高飞。李万铭“辛苦”行骗半生，到头来如梦幻泡影，一切皆空。

1955 年 7 月 27 日，时任公安部部长的罗瑞卿在第一届全国人民代表大会上详细介绍了李万铭的行骗过程，他向艺术界提议，希望中国也能出一部类似果戈理《钦差大臣》这样的批判性作品。随后，老舍先生亲自采访了李万铭，以其为原型创作了话剧《西望长安》。

看完了李万铭传奇的诈骗人生，我们来聊一聊诈骗犯罪心理。诈骗，指的是以非法占有为目的，用虚构事实或者隐瞒真相的方法，骗取款额较大的公私财物的行为。根据诈骗手段的不同，诈骗可以大概分为三类：地摊诈骗、传统诈骗、电信诈骗。

1. 地摊诈骗

象棋残局、扑克牌赌局、扑克牌魔术、弹球游戏……你在路边见过这些原生态的地摊诈骗吗？“50 元一次了啊，输了赔 10 倍”，摊主往往就是坐在那里随意地吆喝一声，一副姜子牙“愿者上钩”的云淡风轻神态。这些游戏看起来极具吸引力，让你觉得一定可以大赚特赚，可你要是真的掏钱，那就是“肉包子打狗”有去无回，因为你永远无法获胜。

以扑克牌赌局为例。骗子拿个小板凳往街边一坐，地上铺个纸片写着输一赔十，一百起押，纸片上放着两副牌：

地主（骗子的牌）：大王、小王、三个 9、一对 J；

农民（你的牌）：四个 3、4567、一对 10、四个 A。

游戏规则是，可以炸，可以三带一，不可以三带二，可以四带二，顺子要五张，农民先出牌。

这还没完，骗子往往还会有个托儿，他见围观的人一多，上来就信心满满地丢上 300 元，结果却故意出个昏招，输给摊贩 3000。

这个时候，你要是觉得自己牌技不错想要挑战一下，那可就着道了。

从牌面上，农民牌似乎胜算很大，实则不然，不管你如何出牌都不能战胜对方。当然，随着现代社会的发展和全民文化素质的提升，如今这类原生态的地摊诈骗已经很少见了。

2. 传统诈骗

不同于地摊诈骗的被动等待，传统诈骗的诈骗犯会选择主动出击。这类骗子往往巧舌如簧，又善于察言观色，在与受害者的面对面接触、交流中不断设置陷阱，一步步诱导对方；他们通常还会伪装自己身份，扮演老乡、朋友、中介、警察、导演、贫困学生、受难群众等角色来赢取信任，进而实施诈骗。

相信大家都看过赵本山、范伟和高秀敏的经典小品《卖拐》，这就是一起典型的传统诈骗。赵本山通过一番忽悠，让范伟觉得自己的腿真的瘸了，最后心甘情愿用现金和自行车换取了赵本山手上的拐杖。具体细节本文就不做赘述了，感兴趣的读者可以在网上观看该视频。

3. 电信诈骗

这是最新出现的一种诈骗类型，指的是诈骗犯利用手机、互联网等通信手段，采取远程、非接触的方式，通过虚构事实诱使受害人往指定的账号打款或转账，从而骗取他人财物的一种犯罪行为。

由于手机、互联网等现代通信手段的迅捷、便利，这使得电信诈骗相比于其他类型的诈骗覆盖面更广、受害者更多、犯罪金额更大，具有更强的社会危害性。而且电信诈骗手段层出不穷，更新速度快，难以追踪，团伙作案居多，从而更加难以侦查。

在徐玉玉案中，骗子并非 1 人，而是一个 7 人组成的诈骗团伙。团伙中，有人负责获取高考考生信息，有人负责策划诈骗剧本，有人冒充工作人员四处打电话诈骗，有人负责转移赃款，形成了一条严密的诈骗链。在 2015 年 11 月至 2016 年 8 月间，该团伙拨打诈骗电话 2.3 万余次，诈骗金额达到 56 万余元。

接下来看看诈骗犯特殊的心理和行为特征——“两高一心”。

“两高”指的是智商高、情商高。诈骗犯往往头脑精明，精通某个领域，善于发现政策、制度或技术上的漏洞，从而为自己谋利；且心态冷静，心思缜密，巧舌如簧，善于察言观色，扮演各种社会角色。

“一心”指的是善于抓住他人的心理弱点。从某种意义上讲，每个成功的诈骗犯都是一位“心理学大师”。有人贪图钱财，有人贪恋美色，有人封建迷信，有人畏惧死亡，有人轻信他人，有人疏忽大意，有人毫无主见，每个人或多或少都有心理弱点，而诈骗犯正是利用这些弱点，设计出一个个有针对性的诈骗陷阱，让人不知不觉间上当受骗。

在李万铭诈骗案中，李万铭觉察到了新中国建国初期组织人事制度上的混乱、机构编制变动的频繁，利用自己善于模仿笔迹和刻制印章的优势，伪造了各种调动任命文件和荣誉证书。这一手法其实不难识破，但李万铭能言巧辩，左右逢源，用各种英雄事迹标榜自己，加上当时政府机构中存在着官僚主义和麻痹大意心理，以及许多人盲目崇拜革命英雄，这才导致了这场震惊全国的骗局。

1956 年，李万铭以“政治诈骗罪”被判处 15 年有期徒刑，1968 年“文化大革命”又加刑 10 年。“是非成败转头空”，前半生大起大落的李万铭开始真正洗心革面，痛改前非，不仅因抢救砖窑遇险马车受到通报表扬，还在狱中生产大比武中先后 4 次被评为优胜工人，成为教育改造的典型。

因为表现优秀，他提前出狱，在西安汽车厂就业，后又破格转为国家正式工作人员。没多久，10 年冤狱得到平反，他领到了一笔赔偿费。1982 年，电视台播放了李万铭的新闻，失散多年的儿子看到后向《陕西日报》写信，父子得以团聚。1983 年初，李万铭经人介绍与宝鸡市凤翔县一名女性喜结连理，又有了一个温暖幸福的家。

1991 年，李万铭在西安病逝，留给我们一段啼笑皆非的诈骗闹剧的同时，也用自己余生的勤勉与善良告诉世人：浪子回头金不换，衣锦还乡做贤人。

为什么年纪越大越容易被骗?

葛优“葛大爷”似乎与骗子挺有缘，2007 年他在北京出演了话剧《西望长安》中的一个诈骗犯，12 年之后也就是 2019 年，他再次在央视的春节晚会中扮演了一个骗子。

在葛优、蔡明、潘长江等人出演的小品《“儿子”来了》中，葛优饰演了一个专骗老年人的骗子。他认一对老年夫妻为父母，一番忽悠之下，以 8000 元的价格将“心诚则灵”假床垫成功推销给两人，幸亏俩人真正的儿子回家，识破了骗局。

小品结束后，葛优等人的精彩表演得到了大家一致称赞，而小品反映的保健品诈骗问题也引起了网友们的热烈讨论，有不少人义愤填膺，表示自己的父母就深受其害。

的确，中老年人似乎很容易成为诈骗案件的受害对象。根据公安部刑侦局等几个部门 2018 年共同发布的《中老年人上网状况及风险网络调查报告》，30.4% 中老年网民遭遇过保健品诈骗，25.1% 遭遇过红包诈骗，24.2% 遭遇过中奖诈骗。反诈骗联盟发布的《诈骗数据报告》显示，在 2018 年的诈骗案件中，40 岁以上的中老年人占了受害者总数的 62%。

广东邦家公司诈骗案就是一起典型案例。2002 年 12 月，蒋洪伟注册成立了广东邦家公司及另外两家关联公司，并相继在全国 16 个省、直辖市设立了 64 家分公司、24 家子公司。该公司将诈骗对象瞄准了中老年人，通过免费健康讲座等活动形式吸引受害者关注，进而以融资租赁为噱头，以高回报为诱饵，吸引他们投资。

10 年多的时间，该公司通过这样的形式非法集资 99.5 亿余元，受害者达 23 万余人，其中大多数都是中老年人。据说，在广州中院的庭审现场，无数老年人痛哭流涕，还有人是坐着轮椅来的。

为什么年龄越大越容易受骗呢？愚昧无知、爱贪小便宜、老顽固……现实生活和网上不乏这样的言论，其实这些解释都是无稽之谈，甚至带有歧视性。让我们来看看心理学家是如何看待这个问题的。

1. 怀旧情结

相比于年轻人，中老年人具有更强烈的怀旧情结。他们不愿意接受新鲜事物，不愿意了解新动态，不愿意使用手机软件、网络等新媒体，而更喜欢那些传统的东西。常常有人将之解释为顽固与僵化，认为他们都是“老古董”，但心理学研究指出，怀旧情结是一种自我保护机制，可以帮助中老年人在日新月异的社会发展之中维持更稳固的自我形象，不至于陷入迷茫、焦虑、落伍等负面情绪中。有人曾做过调查，发现怀旧感越强的被试，自尊水平也要更高。

然而，这些怀旧思想也带来了消极影响，对新事物、新信息的抗拒常常会被骗子利用。现代社会日新月异，科技手段层出不穷，在骗子一通眼花缭乱的名词和术语之后，中老年人往往丧失了辨别力，迷迷糊糊就交出了钱财。

2. 死亡焦虑

每个人都会死亡，每个人也都对死亡充满恐惧。年纪越大，也就意味着离死亡越近，恐惧感越强烈；如果还得了某种疾病，这种恐惧感就显得愈发强烈。为了缓解这种恐惧感，中老年人急需找到某种慰藉，安抚自己焦虑的心情。

骗子们利用这种心理特点，向年纪大的人推销各种保健品、养生品，将疗效吹得天花乱坠，还请来一些托儿“现身说法”，自然容易得手。

此外，安慰剂效应的存在更加让保健品诈骗案得以盛行。安慰剂效应，又称为伪药效应，它由美国医学家毕阙博士 1955 年提出，指的是服药者心怀期待服用药物后，即使药物并没有起到任何作用，依然会觉得症状有所改善的现象。有些中老人在服用虚假保健品后觉得疗效良好，对骗子的说辞坚信不疑，即使家人指明骗局，依然坚称自己并没有受骗，这正是安慰剂效应在起作用。

3. 正向偏误

年纪越大，越倾向于忽略负面信息，接受正面信息，心理学家将这种心理现象称为正向偏误。换句话说就是，年纪越大的人越容易相信陌生人。

2012 年，有心理学家做过这样一个实验。研究者收集了 30 副人脸图片，根据表情的不同，这些图片可以分为可信赖、中性与不可信赖。例如，不可信赖的脸孔呈现出奸诈的笑容或游离的目光。随后，研究者邀请年轻人和老年人对这 30 副人脸的可信度进行评价，结果发现：对于可信赖和中性面孔，年轻人和老年人的评分没有太大区别，但判断不可信赖面孔时两者出现了显著差异，老年人比年轻人更容易相信那些不可信赖的面孔。

心理学家们认为，正向偏误有着积极的意义。因为大脑、躯体等生理机能的衰退，中老年人在生活中难免会遇到各种困难，正向偏误让他们更容易相信他人，也就更倾向于主动向他人求助。但与此同时，这种心理特点自然也让中老年人更容易被骗。

4. 社会情绪选择理论

不知道你有没有过这样的经历？父母们经常会在家人群、朋友圈里转发一些微信推送，这些推送的标题往往是这样的：

不转不是中国人！

请转发，让你的家人一生好运！

拜托各位转发一下，转一位，救一位！

这些标题都有一个共同点：打感情牌。社会情绪选择理论指出，中老年人在分析信息时，有重情感轻内容的倾向。因为年龄的原因，他们不再以扩展知识、提升自我为人生目标，而是更多地去追求积极的情感体验。例如，你费尽心思对老妈解释某种新事物，她对此却心不在焉，然而一旦你语气稍差，老妈立刻义愤填膺："什么态度，你就这样跟你妈说话吗！"在如今这个快节奏社会中，儿女们难以经常陪伴在年迈父母身边，有的甚至一年都见不上几次面，亲情的缺失更加剧了打情感牌这种现象。

骗子虽然不一定了解这个理论，但他们一定是最好的情感理论践行者。

在与中老年人的沟通中，他们嘘寒问暖、甜言蜜语，一番糖衣炮弹之下，受害者在不知不觉间就踏入了骗子的“温柔”陷阱。

所以，当中老年人诈骗案一次又一次发生时，我们与其去抱怨、指责甚至嘲笑，不如好好反思下自己，有哪些该做、能做却又没有做的事情呢？

有句话说得好：陪伴，是最长情的告白！

从墨菲定律谈起

不管是做人还是做事，我们都推崇乐观豁达的积极心态，“看庭前花开花落，望天边云卷云舒”。然而，在防范诈骗这件事上，还是做一个“悲观主义者”好。

在离美国洛杉矶约150公里的地方，坐落着全美著名的军事基地——爱德华兹空军基地。该基地创建于1930年，现在以降落航空飞机而闻名，世界上第一架航天飞机“哥伦比亚”号就降落于此。

1949年，一位名叫爱德华·墨菲的工程师来到这里，准备参加MX981火箭减速超重实验，目的是测试人类对加速度的承受极限。测验要求将16个火箭加速度测试计放置到实验者上方，爱德华·墨菲吃惊地发现，工作人员居然将这16个装备全部放错了地方。

受到此次事件的启发，爱德华·墨菲提出了著名的墨菲定律。墨菲定律的主要内容是：

（1）任何事都没有表面看起来那么简单；

（2）所有的事都会比你预计的时间长；

（3）会出错的事总会出错；

（4）如果你担心某种情况发生，那么它就更有可能发生。

墨菲定律的背后，是小概率事件发生的必然性。一件事情，即使它发生的概率只有 0.0001%，但这只是针对大量样本而言，在一次具体的活动或者实验中，它依然很可能发生。

毫无疑问，墨菲定律带有强烈的悲观主义倾向：事情但凡可能变糟糕，那就一定会如此。然而，该理论却对我们防范诈骗犯罪具有良好的指导作用，它告诉我们，在日常生活中要克服侥幸心理，切勿麻痹大意，时刻保持怀疑精神，将所有可能的不利因素都考虑在内。只有这样做到一切万无一失，筑牢心理防线，才能真正预防诈骗的发生。

我用自己的被骗经历为大家“现身说法”。大约 10 年前，我还在江城武汉的一所大学读研究生。一个夏天的周末，我在宿舍里聊着 QQ，那时候微信还没推出，人们更多是使用 QQ 作为网络交流工具。此时，我姐夫的头像在电脑右下角疯狂地闪烁着。姐夫大我不了几岁，在陕西一处偏远的油井工作，他聊天有个习惯：开视频。两个大男人开视频聊天的确有点怪，但久而久之我也就习惯了。

这一次，我像往常一样接受了他的视频聊天邀请。视频里，表哥坐在电脑桌前打着字，画面有点模糊，但我以为是摄像头性能原因也没多想。聊天中，他提到自己有一个好朋友来到武汉，钱包被偷，身无分文，而自己实在是出门不方便，希望我能转点钱过去。

老实说，当时我是有过一丝怀疑，姐夫知道我在读书，身上没有多少钱，为什么不找其他亲戚呢？但这个念头只是一闪而过，我没有深究，立刻去银行 ATM 转了 200 元过去。回来后，我把信息告诉了表哥，可他并不满足，一再催促，希望我再多转一点。

这时我才终于意识到出了问题，连忙拨通姐夫的电话，果不其然，这是一个骗局。原来，骗子随机加了我姐夫的 QQ，与其视频聊天后利用软件将视频截取下来，随后盗了姐夫的 QQ 号，通过四处邀人视频聊天来诱人上当。

事后，我反思整个事件经过，这个骗局并不复杂，错在自己过于想当然和麻痹大意。首先，看到视频确实是本人，加上心理惯性（以前就经常视频聊天）的存在，我就放松了警惕，轻易相信了对方；其次，明明觉得视频模糊不清，却自以为是地觉得是设备问题，错过了觉察骗局的大好机会；最后，转账前只要一通电话就能清楚真相，却疏忽大意，掉进了对方的陷阱。

看完了我的经历，不知道大家有何启发。作为一种互动性极强的犯罪类型，只要我们克服内心的弱点，做好了心理防范，再巧妙的骗局也会无从下手，徒劳无功。

最后，面对现在最常见的电信诈骗问题，公安部门总结了几条小绝招，这里推荐给大家。

1. 八个凡是

凡是自称公检法要求汇款的；凡是叫你汇款到“安全账户”的；凡是通知中奖、领奖要你先交钱的；凡是通知“家属”出事要先汇款的；凡是在电话中索要银行卡信息及验证码的；凡是让你开通网银接受检查的；凡是自称领导要求汇款的；凡是陌生网站要登记银行卡信息的，都是诈骗。

2. 七个好习惯

保护好个人身份证和银行卡信息，保管好不用的复印件、交易流水信息；

网上银行操作时，最好手动输入银行官方网址，防止登录钓鱼网站；

输入密码时，用手遮挡；

密码要设置得相对复杂、独立，避免过于简单，避免与其他密码相同，定期更换；

开通账户动账通知短信，一旦发现账户资金有异常变动，立刻冻结或挂失；

不随意链接不明公共 Wi-Fi 进行网上银行、支付账户操作；

单独设立小额独立银行账户，用于日常网上购物、消费。

3. 被骗后的三步骤

第一，准确记录骗子的账号、账户姓名；第二，尽快拨打 110 或者到最近的公安机关报案；第三，及时准确地将骗子的账号和账户姓名提供给民警，由公安机关进行紧急止付。

Chapter 8

荷尔蒙过剩？不！

强奸犯罪心理

女性之中有战士，有画家，有诗人。

——马克·吐温

2018 年 8 月 24 日中午 1 点 28 分，浙江省乐清市的 20 岁女孩赵培辰坐上了一辆提前预约好的网约车。谁能想到，就在大约 1 小时之后，这个留着一头短发的漂亮女孩成了山脚下一具冰冷的尸体。

因为约好与闺蜜们见面，赵培辰在 24 日早上 9 点通过手机软件预约了一辆顺风车。年轻女孩都爱美，赵培辰也不例外，她穿上了自己刚买的耐克气垫鞋，搭配黑色的 T 恤、牛仔裤，脖子上系着一条白色的丝巾，显得干练又俏皮。

中午，网约车如期而至，在母亲的目送下，她坐上了这辆牌照为川 A 的黑色小轿车。赵培辰没想到，噩梦就此来临。司机钟元故意将汽车开往深山偏僻处，对女孩实施了强奸，并用匕首刺伤其颈部，导致女孩因大量出血而死亡。随后，他将尸体抛至山路边的悬崖下，驾车逃离了现场。

24 小时不到，凶手钟元在一家小宾馆里被警方抓获，然而，那个年轻、鲜活的生命却再也无法挽回了！

这起乐清市强奸杀人案引起了极大的社会轰动，就在大家纷纷向女孩表达同情与哀悼之时，网上也出现了一些不和谐的声音，例如，在一个深圳网约车司机的 QQ 聊天群里，有司机讽刺道：“穿那么风骚，不强奸你强奸谁啊！”

事实上，类似这样指责强奸受害者的现象并不少见。“这个女孩太蠢了，缺乏基本的自我保护意识”“穿这么少，不就是想勾引男人吗，一点都不洁身自好”“苍蝇不叮无缝的蛋，她自己肯定也有问题”，无论是现实中还是网络上，每当发生强奸案件，你经常会听到或者看到这样的言论。

这样的说法有道理吗？穿着与强奸有关联吗？人们为什么总是喜欢指责受害者呢？要知道答案，就需要从强奸犯罪心理讲起。

关于强奸的那些误区

强奸，是指违背女性的意志，以暴力、胁迫或者其他手段强行与女性发生性关系的行为。作为性犯罪中最为常见、危害性最大的一种犯罪行为，社会大众对此却存在着不少认识误区。

误区一：强奸犯的动机是性冲动

强奸是一种性暴力，很多人想当然地认为犯罪动机自然就是性冲动。从逻辑上看，这个推理似乎无懈可击，美国性学家阿尔弗雷德·金赛甚至就此认为，强奸并不是一种犯罪，而是男性欲望的一种正常体现。

科学不能自以为是，信口雌黄，而应该是基于实证研究得出的准确结论。美国临床心理学家尼古拉斯·格罗特正是这样一名强奸犯罪研究的先驱。在调查了马萨诸塞州各地监狱、精神病院中的几百名强奸犯后，尼古拉斯·格罗特指出，强奸是“一种伪性行为”，“服务于性以外的需求”，犯罪分子实施强奸是为了表达“与权利和愤怒相关的问题”。

如今，随着越来越多相关研究的发表，犯罪心理学界对强奸犯的犯罪动机已经有了明晰的认识，主要包括了以下五种：

1. 权利补偿型

这类强奸犯常常有性幻想，将女性的某些举动看成是勾引，幻想对方爱慕自己。在实施强奸的过程中，他们喜欢逼迫受害者赞扬他或者说一些下流的话语，认为对方享受整个过程，并且通常不会有严重的暴力行为。

在现实生活中，这类强奸犯往往内心自卑、孤僻，缺乏社会交往能力，甚至可能带有某些生理缺陷。他们认为性是一种权利的象征，希望通过强奸行为获得一种满足感，提升自尊。

2013 年，广东湛江雷州市发生一起恶性强奸案，一小学校长以辅导课程为由多次将两名年幼女生骗至宿舍实施强奸。据罪犯供认，自己因患有早泄性障碍与妻子离婚，自尊心受挫，后在网络上购买了性保健品，为了测试效果，他居然将毒手伸向了学生。

2. 权利自信型

“大男子主义”是对这种类型强奸犯的恰当描述，他们将女性物质化，认为女性与财物并没有本质区别。

这类强奸犯充满控制欲，认为“你得听我的”，喜欢使用暴力使女性屈服，并享受强奸过程带来的征服感。他们往往拥有一定的社会地位，在他们看来，强奸行为是一种彰显自己社会地位的手段。

职场强奸、约会强奸和婚内强奸等案件大多属于权利自信型。

3. 愤怒型

这类强奸犯对社会或者女性抱有敌意，可能是生活不顺，遭遇各种挫折与失败；可能是童年经历悲惨，被母亲忽视或虐待；可能是青春期恋爱不顺，曾被女性伤害或者背叛，他们常常偏执地认为，自己如今的不顺都是别人的错，而强奸正是发泄这种愤怒的最好方式。

愤怒型强奸犯一般都是临时起意，对受害者进行咒骂或拳打脚踢，但强奸行为不会持续太长时间，一旦愤怒宣泄完便会迅速离开。

在乐清强奸杀人案中，罪犯钟元自幼由爷爷奶奶带大，是典型的留守儿童；拿着家里的积蓄开过奶茶店，后经营不善倒闭；因沉迷赌博欠债 40 多万；案发前一个月，他在 QQ 签名里写下：“另一个世界在等我吗？”；案发前一天，他试图袭击另一名女乘客，因对方警觉而失败。虽然缺乏凶手的自我陈述，但种种迹象表明，这更像是一起自暴自弃的愤怒型强奸，凶手怨恨自己人生的失败，将怒火发泄到了无辜的乘客身上。

4. 虐待型

从危害性上看，虐待型强奸是最为可怕的。此类强奸者的犯罪行为是有预谋的，他们会精心挑选受害者，并进行长时间的、重复性的性侵，与此同时还会伴随折磨与伤害。

他们对虐待过程兴奋不已，受害者惊慌、害怕、痛苦的表情会使他们获得快感，而快感的结束往往就意味着受害者的死亡。

2011 年，河南洛阳出现了一起骇人听闻的性奴案。身为国家公职人员的李浩在一楼家中挖出一个地下室，先后囚禁了 6 名卖淫女并多次实施奸淫，期间更是有两名女孩遭到残忍杀害。直到其中一名女孩成功逃脱后报警，这个穷凶极恶的罪犯才被绳之以法。

5. 机会型

此类强奸犯通常有犯罪前科，在实施盗窃、抢劫等行为的同时顺势进行强奸。他们对性和攻击都没有太大的欲望，受害者只是在错误的时间出现在了错误的地点。

从这些强奸动机类型不难看出，真正由性冲动导致的强奸犯罪其实并不常见，“强奸犯的动机是性冲动”这一推论自然就站不住脚了。

误区二：强奸案多发生在陌生人之间

“强奸犯大多数都是陌生人”，如果你还这样认为可就大错特错了。2012年6月，南京一家公司的女销售员周某被客户灌醉，后被带至宾馆实施强奸；2016年4月，在澳洲留学的成都女孩冷梦梅被姨夫巴雷特奸杀后抛尸，魂断悉尼；2016年5月，就读于北京新东方昌平外国语学校一年级的女孩姚金易被同学王祎哲奸杀，事后王祎哲谎称两个人系情侣关系，自己失手杀人；2017年12月，陕西汉中市一女孩罗某被好友下药迷晕后强奸，罪犯还拍下视频向朋友们炫耀……

美国司法部的调查数据显示，近71%的强奸犯认识受害者；欧洲地区的强奸案数据表明，熟人强奸案达到了案件总数的近67%；在我国，这个数据也达到了62.9%。尽管具体数据有些许差异，但事实表明，熟人之间发生的强奸案数量要远远多于陌生人，他可能是你的约会对象、前任、亲属、好友、老板、同事，等等。

相比于陌生人实施的强奸，熟人强奸更加难以防范。强奸犯的行动通常都是有预谋的，手段、时间、地点都经过精心选择，加上本就是熟人关系，受害者很难意识到危险来临，一旦下手，不容易逃脱。

还需要指出的是，熟人强奸的报警率极低。这里面的原因是多方面的，有些女性由于事发突然，并未意识到这是强奸，错过了最佳报警时机；有些女性出于羞耻和社会压力，选择了忍气吞声，还有些女性并不相信警方，认为报警于事无补……有数据显示，熟人强奸案的报警率仅仅只有 5%。

误区三：穿着暴露的女性更容易被强奸

“穿着暴露的女性更容易被强奸”，这与“重的物体下落得更快”类似，看起来似乎理所应当、逻辑严密。穿着暴露更容易激起男性的欲望，自然也就容易导致强奸犯罪的发生，连警方都会在防范宣传中这样写：“夏日来临，请女孩子们穿着适度，不要过分暴露。”

关于这点，意大利的一起案件经常被人们提及。1999 年，意大利最高院认定一起强奸案中的犯罪嫌疑人无罪，理由是 18 岁的受害女孩当时穿的是牛仔裤，“强奸犯是不会强奸穿牛仔裤的女性的，除非是你自己自愿脱下了裤子”。此裁决在世界范围内引发了极大争议，意大利不少女性纷纷身着牛仔裤在国会门外抗议，美国洛杉矶女性安全联盟更是将 4 月 20 日定为“牛仔裤日”。在这一天，全美包括不少男性在内的数百万人都将穿着牛仔裤，以表达对性犯罪的谴责和反对。

前文已经提到，性冲动并不是强奸犯的主要作案动机，且强奸案多是熟人作案，所以“穿着暴露的女性更容易被强奸”这样的悖论自然就不攻自破了。

强奸犯到底是如何选择对象的呢？来自美国南伊利诺斯大学的学者沃克曼和福里伯格指出，强奸犯实施犯罪行为时主要依赖以下两个因素：是否有犯罪机会；对方是否顺从。

在另一项研究中，研究者发现相比穿着，强奸犯更在乎女性的眼神、表情和走路姿势等行为，不少强奸犯表示他们根本不记得当时受害人的穿着。在他们看来，“不自信”的女性更容易屈服，可以成为潜在的侵犯对象。研究还指出，处于醉酒状态的女性遭遇性侵概率更大。

2017 年，美国堪萨斯大学曾经举办过一个展览，校方收集了 18 位强奸受害者的衣服，T 恤、牛仔、套衫、长裙……大多数服装普通得不能再普通，丝毫与性感和诱惑沾不上边。主办方表示，希望通过此次展览让普罗大众明白，受害者的服装与强奸罪行是毫无关联的。

在这些衣物中，一件黑色 T 恤引起了我的注意。T 恤的旁边是受害者自己写下的一段话：事发后我有好几天都没去上班。后来，我把情况告诉了我的老板，她问我“你当时穿着什么衣服？”，“T 恤和牛仔裤，去打篮球还能怎么穿？”说完我转身离开，再也没有回去。

1589 年的一天，年轻的伽利略在比萨斜塔上丢下两个重量不同的铁球，科学就此诞生；400 多年后的今天，为了消除那些歧视、误解和责难，我们依然需要“比萨斜塔”，依然需要科学精神。

受害者有罪论

不久前，我正在读小学的小侄子眼泪汪汪地向我倾诉委屈。他在学校被同桌欺负，课本全被对方给画花了。当他把这件事告诉老师时，老师不但没有惩罚肇事者，反而对侄儿说：“一个巴掌拍不响，苍蝇不叮无缝蛋，你不招惹别人，别人会欺负你吗？”

听完后我觉得这话真耳熟，这不和我小时候的遭遇一模一样吗？看来时代虽然在不断前进，有些东西却好像永远不会改变。就像每代人的童年都有一个许仙和白素贞、孙悟空和猪八戒、小燕子和紫薇一样，每代人似乎也都遭遇过与我侄儿类似的情况，它叫作受害者有罪论。

受害者有罪论，是指在侵害性事件中，人们普遍存在着责怪受害者的倾向。持有这种观点的人认为，侵害者固然不对，受害者本身也存在过错，正是受害者本人的错误行为招致了不幸。他们最常见的口头禅是，“为什么不是别人，偏偏是你？”“可怜之人必有可恨之处”。

在针对女性的强奸犯罪案件中，这种倾向表现得尤为明显：“谁叫你穿着这么暴露，不强奸你强奸谁？”“大晚上的不回家，一看就不是什么正经姑娘！”“他早就对你图谋不轨，你自己一点眼力都没有吗？”“一个姑娘家独自出去旅行，你这不是自找的吗……”

有一则新闻让我印象尤为深刻。2018 年 8 月 17 日，32 岁的女子吴某在重庆一家大型广场的地下停车场停车时，被 5 名男性挟持，随后被带至郊区强奸并杀害。女子是某公司人事部门经理，长得漂亮，事业有成，人缘不错，有一个 4 岁大的孩子，就这么遭遇不幸，实在是令人扼腕叹息。

当我将该新闻翻至评论区时，看到的第一条留言居然是：“美女开奔驰宝马，还是一个部门经理，太张扬个性就不好了。”更让我吃惊的是，居然有 150 多人对此条评论点了赞。

为什么？为什么这些人可以如此轻飘飘地说出这些指责的话语？为什么他们内心毫无羞愧呢？

第一个可以解释的原因是，公平世界信念。公平世界信念是由美国心理学家勒纳提出的理论，该理论的核心观点是：人们总是倾向于相信这个世界是公平的、有秩序的，每个人的付出与回报是对应的。通俗点讲就是，好人有好报，恶人有恶报。

从这个理论出发，当有人遭遇了不幸，也许真正的原因只是运气不好，但其他人并不会这么认为，因为这样会损害他们内心的公平世界信念，让他们焦虑不安。这里面的潜台词是，你之所以遭遇了不幸，是因为你做错了事，而我只要不像你那样，我就可以避免不幸的发生。

所以，指责受害者也许并不完全是他们素质低下、道德败坏，而只是个体对内心焦虑和恐惧的一种防御机制。

第二个原因是基本归因错误。归因是心理学中的一个经典概念，指的是人们会对自己或他人的某种行为结果的原因做出解释。心理学家海德是归因研究的先驱，他将其分为内因和外因，即环境和个人。

心理学家发现，人类的归因存在一个有趣的规律——基本归因错误，即对于他人的失败，人们会倾向于把其归因于内因；对于自己的失败，人们会倾向于把其归因于外因。举个例子，如果别人考试不及格，你会觉得这人智商不行、听课不认真或者复习不努力，而如果自己考试考得很糟糕，你会觉得那只是自己运气不好、状态不佳或者老师出题太偏了。

显然，这种归因方式有助于提高归因者的自尊，如果归因于外因环境，我们会认为行动者不必承担太多责任；如果归因于行动者自身，我们则会认为行动者难辞其咎。还有一种解释是，在评价他人时，相比于环境信息，归因者更容易获得他人的个人信息，自然也就更容易做出内因归因。

基本归因错误从另一个角度对受害者有罪论做出了解释，面对他人遭遇的不幸，人们在基本归因错误的诱导下，更倾向于将不幸的原因归咎于受害者自己的过错。这既是人们提高自尊的主观需要，也是获取信息有偏差的客观情况决定的。

第三个原因是性别刻板印象。所谓性别刻板印象，指的是人们对于男性和女性应该具有的心理、行为特征的预期。“三从四德”“女子无才便是德”“行莫回头，语莫掀唇”，我国古代这些论述都是性别刻板印象的典型体现。

我国学者徐大真的研究表明，现代社会性别刻板印象依然存在，人们普遍认为男性是勇敢的、坚强的、富于冒险精神的、统治欲强的、领导者的角色；女性是体贴的、顺服的、井井有条的、可爱的、情绪化的角色。

如果一个人的行为举止不符合普通大众的对男女性别的预期，那么批评和嘲笑便会接踵而至。例如，一名男性如果喜欢粉色物品，爱打扮，会被嘲笑“娘娘腔”；一个女性如果喜欢短头发、中性风，性格又大大咧咧，“男人婆”的称号自然跑不了。

在强奸案件中，性别刻板印象体现得尤为明显。在许多人看来，穿着暴露，夜不归宿，缺乏自我保护，喜欢独自旅行，这些行为意味着受害者不检点不自重，性格轻佻，特立独行，与社会推崇的女性形象不符合，因此遭受了性侵害也是“活该”。

对于受害者而言，他们不该承受不属于他们的负担。受害者有罪论不只是一两句责备那么简单，它会对受害者本就受创的心灵造成二次伤害，甚至导致或加剧各种心理疾病。要知道，这个世界上并没有真正的“感同身受”，所以也就意味着需要更多的关心、更多的理解和更多的认同。

听完我的解释后，小侄子破涕为笑，他告诉我，明天他要把这些讲给他的老师听，“一个巴掌拍得响，苍蝇也叮无缝蛋”。

女孩玛丽的“谎言”

本节的内容是关于强奸犯罪的防范手段，但在此之前，我觉得有一点不得不谈，那就是要学会理解受害者。

让我们先从一个奖项说起。

普利策奖，号称新闻界的“诺贝尔奖”，是无数新闻工作者梦寐以求的荣誉。2016 年，普利策解释性报道奖颁发给了两名记者克里斯蒂安・米勒和肯・阿姆斯特朗，两人用长达一万多字的篇幅，给我们讲述了一个真实而离奇的故事。

2008 年 8 月，美国华盛顿州林伍德市警方接到了报警，一名 18 岁的女孩玛丽说自己被强奸了。她告诉警方，当时她正在家里熟睡，一男子突然持刀闯入家中，将她绑起来并蒙住双眼，然后实施了强奸。在叙述整个案情时，玛丽显得十分冷静，这让警方和玛丽的养母都起了疑心：她真的被强奸了吗？

玛丽做的第二次笔录加剧了这种怀疑。第一次报案时，她说自己先剪断了绳子，然后给朋友打了电话，但在这次笔录中，她说自己打电话时依然被绑着。证词的前后不一致让警方认定，玛丽编造了整个故事。

随后，玛丽再一次被叫到了警察局，在警方施加的压力之下，茫然无措的玛丽终于交出了一份“令人满意”的证词：“我有很多很压抑的事情，我想和别人出去玩，但没有人和我玩，所以我编造了这个故事……”为此，她还被当地法院起诉，并在不得已之下接受了认罪协议。

玛丽平静的生活就此改变，用她自己的说法就是：“从此之后我坠入了深渊。”报纸和媒体匿名报道了她的“骗局”，工作丢了，养父母对她心存芥蒂，朋友们质疑她的人品，她高中最好的朋友甚至建立了一个名为“玛丽大骗子”的网站，上面贴满了玛丽的照片。

话分两头。3 年后的美国科罗拉多州格尔登市，女警官加尔布雷斯正着手调查一起强奸案，当地大学的一名大学生在自己公寓遭到了强奸。加尔布雷斯的丈夫也是一名警察，他告诉妻子，24 公里外的威斯敏斯特曾发生过一起作案手法相似的案子。

加尔布雷斯迅速联系了威斯敏斯特的女警官亨德肖特，两名女性联手，誓要将这名强奸犯绳之以法。通过对犯罪现场的仔细勘察和比对，她们发现凶手很可能是一个连环强奸犯，在最近 15 个月的时间里连续强奸了

4 名女性。他的犯罪行踪以丹佛市为中心，遍布了整个郊区地区。

经过近两个月的调查和蹲守后，她们终于抓获了凶手——奥利里。在搜查奥利里的住所时，加尔布雷斯在他的电脑里发现了一个叫作“女孩们”的文件夹，里面都是受害女性的照片。

其中一张陌生的面孔引起了加尔布雷斯的注意，一个女孩惊慌失措地坐在床上，双手被捆，嘴巴也被东西给堵住。这个女孩是加尔布雷斯未能发现的第 5 名受害者，她的名字叫玛丽，华盛顿州林伍德市的玛丽。

很多时候，警方也好，亲属也罢，人们似乎总是对强奸受害者抱有某种理想化的期待：过去的经历要值得信赖，遭遇强奸后要拼死反抗，案发后要收集好各种证据，立刻报警并记住所有细节，对自己的遭遇悲伤不已。然而在现实生活里，这种情况几乎不可能发生，就像女孩玛丽一样，她们成不了“完美的”受害者。

对此，有两个理论可以告诉我们为什么。

1. 紧张性不动

紧张性不动，即无意识的僵硬或麻痹，研究发现，在遭遇恐惧或者威胁时，除了战斗或逃跑，有时人们还会出现第三种应对方式：浑身僵硬。

大脑的前额叶皮层负责人的理性思考，当恐惧情绪超负载时，这个部分就无法运转，于是身体就会脱离你的控制，出现本能式的生存反射，即身体无法动弹，无法呼救，感觉迟钝，心率血压降低……换句话说，本能接管了你的身体，它认为只有这样才能避免你受到更多伤害。

这种情况在强奸案中体现得尤为明显，2017 年瑞典的一家医学杂志刊登了这样一篇研究。研究者与近 300 名曾遭受过强奸或强奸未遂的女性进行了交谈，发现其中 70% 女性表示自己出现了紧张性不动状态。

2. 创伤后应激障碍

创伤后应激障碍是指人类个体在遭遇或目睹异乎寻常的威胁、伤害或灾难后，延迟出现并长期持续的精神障碍。创伤后应激障碍的主要症状包括以下几种。

反复体验：经常回忆或梦到当时的可怕场景，有时甚至有身临其境感。

回避：极力避免回忆当时的经历，避免一切相似的情形或场合，严重者甚至无法记起当时细节。

过分警觉：易受惊吓，容易发脾气，总是感觉紧张，时常出现失眠。

有研究指出，95% 的强奸受害者会在案发后的 14 天里出现严重的创伤后应激障碍，如果缺乏有效援助，这种症状甚至可能持续一生。

因此，强奸对女性的伤害远远没有表面上看起来那么简单，玛丽的

“谎言”告诉人们，理解强奸受害者是一件多么重要的事情！

接下来，回到我们的正题——如何防范强奸犯罪，这里提供给大家几个关键词。

酒精：酒精与强奸行为高度相关。一方面，利用酒精灌醉女性后实施强奸，这是强奸犯常用的伎俩；另一方面，超过70%的男性罪犯在实施强奸时服用了酒精或者类似作用的药物。经典电影《欲望号街车》里，马龙·白兰度饰演了暴躁阴沉的男主角斯坦利，他正是在酒精的刺激下强奸了妻子的姐姐布兰奇。

这提醒大家，要尽量远离喝酒场合，注意提防那些醉酒的男性。

封闭空间：如住所、酒店、出租车或网约车、办公室等，有调查指出强奸行为的实施地点大多为封闭空间。因此，对于女性而言，尽量避免单独与其他男性处于封闭空间是一条行之有效的防范手段。如果出现这种局面，你可以果断说不，或者带上朋友一起前往。

此外，由于特殊原因需要单独乘坐出租车或网约车的话，上车前记住车牌号并发给亲友；拒绝拼车并坐在汽车后排位置；还有一点很重要，上车后大声与亲友通话，告诉他们你的行程。相信我，这样可以对心有歹意者起到警示作用。

防狼报警器：随时携带一些防身设备是个不错的选择，但我不推荐防狼喷雾剂，一方面是因为它无法通过安检，不能带上地铁、飞机等交通工具，另一方面如果使用不当，很可能成为凶手的“帮凶”，对自己造成伤害。大家可以考虑买个防狼报警器，它基本的功能是在你按下某个按键后发出刺耳的警报声，有的还会伴随着强光，从而有效地震慑施暴者。一些高科技的报警器还带有自动报警、联系紧急联系人、录音、GPS 定位等功能，能够更好地帮助女性保护自己。

时刻保持警惕：既然熟人强奸占了强奸案件的大多数，那女性时刻保持警惕也是很有必要的。不管与对方交情如何，对于对自己持暧昧态度或人品有瑕疵的男性保持一颗警惕之心；如果对方的举止让你感到不舒服，或者你觉得这个地方不安全，你有权说不并马上离开；独身在外时尽量自己倒饮料，不要让杯子离开你的视线，不吃对方提供的食物，以防下药；提前做好危机应对，让家人或好友知道你的行踪。

报警：如果强奸已经发生，勇敢地立刻报警，就像玛丽做的那样。不要洗澡，不要清扫现场，尽可能保留身体或衣服上遗留的罪犯精液，那是帮助警方抓住对方的最好证据。

当然，法律赋予了女性充分的权利和自由，她可以穿上她喜欢的任何一件衣服，行走在她想要去的任何地方，做她想做的任何一件事情，只要不会对他人造成伤害。从道理上讲，预防、阻止强奸的发生的确不是女性的责任，也不该对她们做过多苛求。

然而，犯罪分子并不会同你讲道理，他并不会摆摆手说“好吧，你说的对”，然后停下自己的暴力行径。所以在这个依然存在着危险的社会，女性学习防范知识是十分重要且必要的。

我们不必对强奸犯罪负责，但我们应该对自己负责。

Chapter 9

不要和陌生人说话

家庭暴力犯罪心理

暴力不是开始于一个人卡住另一个人的脖子，它开始于当一个人说："我爱你，你属于我！"

——艾利希·傅立特

2001 年前后，一部由梅婷、冯远征主演的电视剧《不要和陌生人说话》火遍了大江南北。该剧是中国第一部以反映家庭暴力为主体的影视作品，其中，由冯远征饰演的医生安嘉和对梅婷扮演的妻子梅湘南百般怀疑，爱恨交织，进而发展到严重的肢体暴力，导致了悲剧的发生。

狰狞的表情、可怖的言行、凶狠的目光、扭曲的心理，演员冯远征用自己精湛的演技征服了全国观众，也让他成为家庭暴力者的"代言人"、女性眼中的变态和众多 90 后的童年阴影。连他自己都笑言：电视剧正播出的时候，一位朋友的母亲打电话来严肃地告诉他，上街最好戴上帽子和口罩以免被人认出来，"因为连我都有打你的冲动"。

对于家庭暴力，人们常常会有这样的误区：床头吵架床尾和、清官难断家务事、家丑不可外扬、打是亲骂是爱……如今，随着时代的发展和社会各界的不断努力，这一情况已经有了改变，越来越多的人意识到，家庭暴力不是家务事，它是对人权的侵犯，是违法犯罪行为。

2016 年 3 月 1 日，中国第一部针对家庭暴力的法律《中华人民共和国反家庭暴力法》正式实施，其中明确规定："反家庭暴力是国家、社会和每个家庭的共同责任。国家禁止任何形式的家庭暴力。"

10 个月的黑色婚姻

2008 年 12 月 15 日，25 岁的北京女孩董珊珊领到了自己的结婚证，憧憬着未来幸福的婚姻生活；2009 年 10 月 19 日，她因“被他人打伤后继发性感染，致多脏器功能衰竭死亡”，走到了生命的尽头。

董珊珊到底是被谁殴打的？在这 10 个月的婚姻生活里，她到底遭遇了什么呢？

故事要从 2008 年 3 月说起。在一次聚会上，董珊珊第一次遇到了做外贸生意的王光宇，这个强壮的男人给了董珊珊很大的安全感，两个人很快就确定了恋爱关系。9 个月后，他们携手走进了婚姻的殿堂。可董珊珊没想到，噩梦就此来临。

因为经营着一家小公司，压力是免不了的，每当此时，王光宇都会回家拿妻子出气，拳打脚踢。在对警方的供述中他这样描述：“我用拳头打她，用脚踢她，从卧室门口，一直踢到床上，哪儿都打、哪儿都踢，直到她倒在床上为止，也不知道踢了她多少脚。”

在这期间，董珊珊做出过各种努力，她与家人先后8次向当地派出所报警，向法院提起离婚诉讼，也曾经独自一人在外租房躲藏，但由于人们对家暴认识的误区、法律法规的缺陷、丈夫的逼迫威胁等各方面的原因，所有这些努力都没能成功。

2009年5月17日，不堪忍受的董珊珊再次选择了逃离，她在离别信中对父母写道："亲爱的爸爸妈妈，原谅我的又一次不离而别，因为家庭暴力，我现在重度抑郁和焦虑。我觉得事情解决不了，我怕面对他，不想再和他一起生活了……我知道这次出走又伤透了你们的心，你们就当没有这么个女儿吧！对不起，对不去，对不起，对不起！"

连续四个"对不起"，足见董珊珊当时的绝望与痛苦！

然而，董珊珊的最后一次努力也化为了泡影。躲了不到一个月，她就被丈夫王光宇再次找到，并被胁迫继续共同生活了50多天，期间依旧伴随着多次严重的暴力行为。

这场悲剧一直持续到了2009年10月19日。那一天，住进北京市博爱医院重症监护室的董珊珊再也无法坚持了，她停止了呼吸，带着无尽的愤怒、后悔和不甘……

家庭暴力，是指家庭成员（同居关系亦纳入其中）之间以殴打、捆绑、残害、限制人身自由以及经常性谩骂、恐吓等方式实施的身体、精神等侵害行为。此外，侵害行为还包括了冷暴力、强迫发生性关系、财产经济控制等。

家庭暴力的受害者包括了女性、老年人和儿童，近年来，男性遭受家暴的案例也时常发生。当然，女性受害者依然是主体，占据了大概 80% 到 90%，接下来我们将主要探讨针对女性的家庭暴力犯罪。

从董珊珊案不难看出，在过去很长一段时间里，作为一种特殊的违法犯罪形式，尚未引起人们足够的重视。其实，家庭暴力远没有表面看起来那么简单。除了和一般的暴力犯罪一样，会对受害者的身心造成极大伤害，家庭暴力还具有以下几个特殊特征：

首先，家庭暴力具有隐蔽性。

家庭暴力的隐蔽性是指它很难被发现，一方面是因为家暴往往都发生在家庭内部，外人难以察觉，另一方面是因为各种主客观原因，受害妇女没有选择向外界求助。这些原因包括了：认为求助没用，只能靠自己；害怕激怒施暴者，遭到报复；为了自己和孩子着想，默默忍受；认为家丑不可外扬，不愿曝光。

其次，家庭暴力具有普遍性。

不少人认为家庭暴力只是少数人实施的犯罪，不用过于关注，但事实上，家庭暴力的发生率超乎你的想象。根据全国妇联和国家统计局发布的《第三期中国妇女社会地位调查》报告，中国遭受过家庭暴力的女性达到了 24.7%，即每 4 名女性中就有 1 人遭受过家暴。

国外的情况也没好到哪儿去。美国司法部数据显示，每年的家庭暴力数量约为 96 万起，平均每天有 3 名女性被其伴侣杀害，有 4 名女性死于虐待；英国 BBC 报道，英国每年有超过 100 万人遭受过家庭暴力，而这个国家总人口数不过 6600 多万；联合国妇女发展基金会的调查更令人吃惊，全世界每 3 名妇女中，至少有 1 名一生中经历过某种形式的性别暴力。

家暴的普遍性还表现在，与经济收入、文化水平和地域无关，谁都可能成为家暴施暴者。对于施暴者，人们经常有这样的迷思：没文化的、贫穷的、来自农村的男人更容易打老婆。实际情况呢？

2011 年，“疯狂英语”创始人李阳曝出家暴门，李阳妻子 Kim 在微博上公布了数张受伤照片，描述了李阳对她实施暴力的经过。在大众眼中，李阳毫无疑问是个成功人士，事业成功，家庭幸福，完全没有理由殴打妻子。可就是这个看起来非典型的家暴者，在争吵中揪住 Kim 的头发，将她狠狠地撞向地板，一次，两次，三次……

事实上，一个人是否会实施家暴，取决于他对亲密关系以及男、女性角色的看法。如今“家暴门”已经过去了 8 年，有媒体报道了李阳的近况，他依然坚持着当初的态度：“家里打一架很正常嘛。”

最后，家暴具有遗传性。家庭暴力具有极强的代际遗传性，这种传递并不仅仅体现在遗传物质上，而更多是通过日常互动实现。

对于儿童，父母是他们学习的榜样，父母亲密关系的相处模式对孩子意义重大，因为这往往也就意味他们将来成立家庭后与另一半如何相处。时常目睹家庭暴力发生的儿童，他们会认为暴力是家庭生活的一个正常部分，是解决家庭矛盾的唯一方式，于是男性变得激怒和暴力，女性变得顺从和懦弱。有数据表明，家暴施暴者中有 50% 的人，其原生家庭亦存在家庭暴力。

一个更可怕的事实是，这种行为模式会深深扎根于施暴者的潜意识之中，即使他对此十分厌恶，但只要产生愤怒和烦躁的情绪，暴力往往都是他的第一选择。

公益短片《看见瘀青》讲述的正是这样一个故事：男孩出生在一个存在家暴的家庭，在成长中无数次目睹了父亲对母亲的辱骂与殴打。长大后，他有了心爱的女孩，他在内心暗暗发誓：我一定不要成为像父亲那样的男人。然而，工作、贷款、车子、房子，这些压力让他越来越难以控制自己的情绪。终于，他用最难听的字眼辱骂她，终于，他动手打了她。

视频的最后，男主角小时候的声音响起：

亲爱的爸爸，你正满心期待的真的是一个这样的我吗?

如果你希望我家庭幸福、健康快乐，

我不得不给你泼一盆冷水，

因为我还会走上你的老路，

因为我，

我的存在，就是暴力。

如果我有超能力，

我希望我没有来到这个世界，

这样我就不会成为妈妈的拖累。

但是我知道，

妈妈爱我，她还是想要生下我，

她会为了我变成战士，

把暴力说出来，

她会为了我变勇敢，

把暴力说出来，

她会拼尽全力，

给我一个不会看到拳头和鲜血的成长。

我今天收到花了！

在董珊珊家暴案中，还有一段情节引起了我的注意。结婚前，董珊珊就发现王光宇喜欢动粗，但因为程度轻微，她也没有过分在意，直到有一天……

那一天，董珊珊早早入睡，王光宇因为在外应酬喝酒，半夜才回到家中。也许是生意不顺，也许是受了委屈，王光宇将董珊珊从梦中弄醒，揪着头发直接扔到了地板上，接着便是一阵拳打脚踢。

打完之后，王光宇立刻跪在董珊珊面前：“对不起亲爱的，我又失控了，我错了，我保证这是最后一次！”不仅如此，王光宇还写了保证书：“爱不是忍，爱是沟通，爱不是逃避，爱是真诚面对，爱是对爱人的宽恕，珊珊，请你宽恕我，我错了。”

看着他诚恳的道歉和后悔的眼神，董珊珊原谅了这次暴力行为。结婚后，王光宇好像真的洗心革面，两人开始了幸福的新婚生活。

然而这一切都是假象，董珊珊已经走进了王光宇以爱为名精心编织的大网。随着生活和工作中压力的不断累积，王光宇一次又一次地将拳头伸向了妻子，而且每次打完后，王光宇都会给出各种理由，乞求妻子的原谅。出于对丈夫的爱与信任，董珊珊每次都选择了隐忍，但这种隐忍并不会换来丈夫悔改，家暴行为反而愈发变本加厉，严重起来。

到了后期，王光宇动辄就是殴打几个小时，其中更是有一次，他逼迫董珊珊一丝不挂贴在客厅的落地窗上向外展示，并用强光照射，一站就超过 2 小时。

事实上，王光宇这样的行为并不是特例。在研究了 400 多起家庭暴力案件之后，家庭暴力研究的先驱、美国心理学家雷诺尔·埃德娜·沃克发现了施暴者共同的行为规律——家庭暴力循环。

家庭暴力循环指的是，在没有外界有效干预的情况下，家庭暴力一旦发生就很难自动停止，而且呈现周期性的循环往复。它由四个阶段组成：愤怒积蓄期、暴力发生期、道歉原谅期和蜜月和好期。

在愤怒积蓄期，由于外界压力性事件的累积，施暴者内心的焦虑会不断增加。此时施暴者的典型表现是，情绪暴躁易怒，喜欢指责受害者，认为对方不够理解自己，没有尽到伴侣的责任。

在暴力发生期，就好比往封闭的水池里加水，水超过临界线自然就会溢出来，当施暴者的负面情绪不断积压，超过了他所能承受的范围时，一旦发生矛盾，暴力便发生了。在家暴初期，暴力行为开始通常是轻微的，如扇耳光、推搡等。

在道歉原谅期，施暴者会为自己的暴力行为寻找各种借口，认为暴力并非本意并态度诚恳地道歉，寻求受害者的原谅。有人还会写下道歉信或者承诺书。这个时候，由于各种主客观原因，很多受害者选择了原谅，这是一个相当关键的节点，家庭暴力循环就此开启。

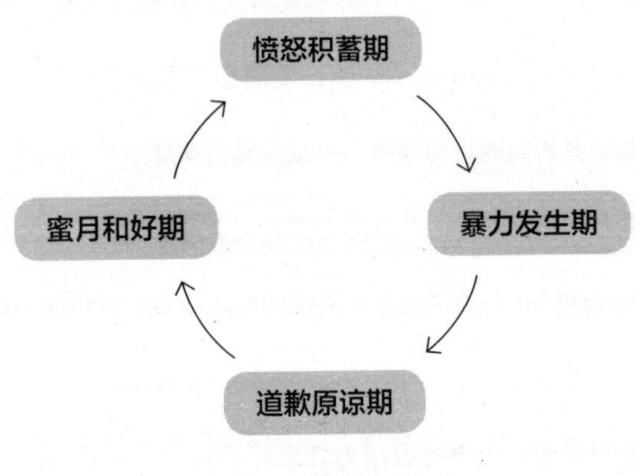

图 7　家庭暴力的循环

在蜜月和好期，施暴者为了获取受害者的信任，会反常地讨好受害者，仿佛暴力从未发生过，如送礼物、鲜花或带她去酒店吃饭。两个人会度过一段甜蜜的无暴力期，但这只是暴风雨来临前的平静。

由于亲密关系中的沟通模式并没有发生本质的改变，施暴者并没有真正意识到自身问题所在，他依然会将暴力当成处理亲密关系矛盾的有效且唯一的模式。于是，当下一次的“池水”再度蓄满，暴力又会再次发生，循环往复，难以停止……

不仅如此，随着循环的持续进行，循环的间隔会不断缩小，循环的某些阶段（尤其是蜜月和好期）会慢慢消失，暴力程度会不断升级，甚至危害到受害者的生命。

除了家庭暴力的循环规律，犯罪心理学家还根据家暴施暴者的心理和行为危害性，将其分为了三类：只打家人型、反社会型和边缘型。

要了解这 3 种分类的区别，还是先从一个案件说起。2004 年，香港天水围曾经发生了一起由家庭暴力导致的灭门惨案，轰动一时，后来还被改编成了电影《天水围的夜与雾》。

1997 年，随着香港回归，大陆人口大量涌入香港，“陆港婚姻”成为当时十分常见的一种婚姻形式。在这样的大背景下，在深圳打工的四川女孩金淑英结识了大她 13 岁的香港装修工人李柏森，1998 年，两个人登记结婚，并生下两个女儿。此后，母女仨人一直生活在深圳。

2004 年 1 月，母女仨人来到香港，一家四口终于得以团圆，可谁知道，这正是悲剧的开始。此时的李柏森已经没了工作，只能靠政府救济金生活。因为害怕失去救济名额，他还不准金淑英出去打工，家庭情况愈发艰难。

李柏森情绪变得非常不稳定，很容易被激怒，经常对妻子拳打脚踢，并实施各种虐待行为，比如强迫发生性关系，晚上不准睡觉，大冬天赶出家门等。金淑英的妹妹是这样描述的："他吵架时会把东西扔出屋外，又打破家里的东西，他在白天睡觉，晚上却不让姐姐睡，命令她坐在椅子上，整晚将风扇吹着她的头，折磨得她没法入睡。有时姐姐睡在地上，他就往地上泼水……"

丈夫的暴力行径让金淑英再也无法忍受，她考虑过离婚，但每当此时，丈夫李柏森就怒冲冲地指向两个女儿："要离婚可以啊，我就杀了她们，再杀了你。要死我们一起死！"她也曾鼓起勇气多次向警方、社区等部门求助，却没有得到足够的重视。

"如果你还不回来，以后就再也看不到两个女儿了，我已经买了刀"，2004 年 4 月 11 日，李柏森以女儿性命为威胁，要求躲避在妇女庇护中心的妻子立刻回家。慌忙之中，金淑英找到天水围警署寻求帮忙，警方却置之不理，她只得一人回到家中。刚进家门，李柏森便一阵乱砍，将母女仨人砍倒在血泊之中。

杀死家人后，李柏森捅了自己一刀，然后报警谎称妻子发疯，砍死了两个女儿并砍伤了他。哪知这刀下手过重，李柏森次日在医院不治身亡。

按照犯罪心理学对家庭暴力施暴者的分类，李柏森属于典型的边缘型，是最为危险的一种类型。他们对自身价值的认可不稳定，对亲密关系过于依赖，控制欲强，情绪起伏不定，冲动，易怒。面对可能失去亲密关系的情况，他们常见的口头禅是“要分手就一起死”“要离婚就杀你全家”，而且绝不是说说而已，很多时候真的会付诸行动，行为后果具有极强的毁灭性。这类施暴者的比例达到了25%。

最常见的一类是只打家人型，比例达到了50%。顾名思义，这类施暴者通常只会殴打自己的家人，暴力程度较弱，家庭外基本没有暴力行为，看起来与正常人无异。正如前面提到的，这类人最大的问题是，他们内心对亲密关系、男女角色的看法是有偏差的，认为家庭暴力是夫妻间相处的正常模式。

第三类叫作反社会型，这类施暴者通常有犯罪前科，不仅殴打家人，也存在其他违法犯罪行为。他们冷漠、自私，缺乏责任感，有高度的攻击性，认为暴力是解决一切问题的“良方”。其暴力行为虽然不至于像边缘型那么极端，可是依然会对受害者带来极大伤害。这类施暴者的比例达到了25%。

家庭暴力只有零次和无数次，这句话是对家庭暴力规律的最好概括。董珊珊、金淑英和无数受害女性的故事告诉我们，家庭暴力不会自动停止，其危害性也超出我们的想象。因此，面对家庭暴力，不仅需要受害者大胆地发声，勇敢地抗争，更需要公安、社区、妇联等众多社会力量的高度重视和及时介入，形成合力，震慑罪犯。

最后，分享给大家一首小诗（请原谅我并不知道作者是谁）。

我今天收到花了，

既非我的生日，也不是什么特殊的日子。

昨晚我们发生了第一次争吵，

他说了很多很多残忍的话，而那的确也刺伤了我。

我知道他很难过，也不是有意那么说，因为

他今天送我花了。

我今天收到花了，

既非我们的结婚纪念日，也不是什么特殊的日子。

昨晚他把我摔向墙后又掐了我的脖子。

就像是一场噩梦似的，我不敢相信那是真的。

早上醒来全身酸痛，到处是瘀青。

我知道他一定很难过，因为

他今天送我花了。

我今天收到花了，

既非母亲节，也不是什么特殊的日子。

昨晚他又打我了，而且比之前更狠更严重

如果我离开他，那我怎么办？我要怎么照顾我的小孩？

我怕他，也怕离开。

但我知道他一定很难过，因为

他今天送我花了。

我今天收到花了，今天是个非常特殊的日子。

我的葬礼。

昨晚，他终于杀了我。

他活活将我打死。

如果我能拥有足够多的勇气及力量离开他，

我今天就不会收到他的花了。

她为什么不离开他?

下面是一段家暴受害者的自述:

> 记得以前跟家人朋友倾诉被他打后的委屈和无助,大家还都劝慰我,从开始劝我想开些,到后来劝我离婚,现在人家都不耐烦了。我的好友问我还爱不爱他。我说,打了那么多次,伤了这么多回,还有什么爱不爱的?不爱了,真的不爱了。好友说:"那还磨蹭什么?不爱了就赶紧离,真不明白你还有什么留恋的,我都替你难受!"连我妈都说:"过不下去就别过了,离了算了,你要非跟他过不可,挨打了就别老回家哭!"我妈说的是气话。何止他们生气,我也生自己的气。明明被他打伤了心,明明每次都觉得过不下去了,可是为什么还是跟他回家,过到下一次暴力的发生?

这位家暴受害者想要弄清楚的问题,也往往是人们最容易指责受害者的问题（前面介绍过受害者有罪论这一现象）。每当家庭暴力事件发生，这样的声音就会时常响起：“你为什么不离开他，你性子太懦弱了”“自己都不明确态度，别人怎么能帮到你”“我看你是心理有问题，不会是受虐狂吧，就喜欢别人打你”。

是呀，明明已经遍体鳞伤，为何还是不愿离开他呢？受虐妇女综合征告诉你，不是不愿，而是不能！

受虐妇女综合征，被用来描述长期遭受伴侣暴力后受害妇女呈现出的一种特殊的心理和行为模式。受虐妇女综合征主要由两个概念构成：习得性无助和以暴制暴。

1. 习得性无助

20 世纪 60 年代，美国心理学家马丁 · 塞利格曼做了一项经典的心理学实验。他把小狗放在了一个连接了电路的笼子里面，只要蜂鸣器一响，笼子就会通上电。电流的大小经过精心控制，会让小狗非常难受，但也不至于危及性命。

刚开始，小狗会拼命挣扎躲避，寻找出口，但由于笼门紧闭，它还是无法避免被电击的命运。久而久之，塞利格曼发现，当蜂鸣器再次响起时，小狗已经放弃了逃跑，默默地忍受电击。

接着，塞利格曼设计了一个更大的笼子，笼子的中间有隔板，隔板的一边通电一边正常，而小狗是可以轻易跳过这个隔板的。塞利格曼新找了一只狗，将它和先前那只狗一起关进了笼子通电的一边。这时，蜂鸣器响起，笼子通上电，新来的小狗立刻奋起一跳，逃到了安全的那一边，而原来那只被多次电击过的狗，却眼睁睁地看着眼前这一切，自己慢慢卧倒在笼子里，再也不愿尝试逃离。

后来，塞利格曼在以人为被试的实验中也发现了类似的结果，于是他提出了一个新的概念：习得性无助，用来描述这种在长期遭受挫折与失败，自己努力也于事无补的情况下，人们会放弃尝试的消极心态。

习得性无助这一概念，很好地解释了部分家暴受害者的消极心态。在这些家暴案件中，她们也曾经勇敢地说出真相，向外界需求帮助。然而，由于大众对家庭暴力认识上的误区，这些求助不仅没有换来有效的干预与帮助，反而让丈夫怀恨在心，招致了又一番的毒打。于是，受害女性就像那笼中的小狗一样，渐渐产生了习得性无助的心态，认为自己就是“贱命”一条，自暴自弃，逆来顺受，放弃了抗争与努力。

2. 以暴制暴

受虐妇女综合征的另一个重要概念是以暴制暴，这是家庭暴力犯罪很极端、但也很常见的一种结束形式：受害女性在走投无路之下，选择了杀死丈夫。

在习得性无助的异常状态下，受害女性会渐渐对暴力习以为常，不再抵抗；然而，这种放弃是有着一定底线的。我们知道，家庭暴力在循环往复的过程中会不断升级和加剧，当受害女性觉得暴力严重到了一定程度，如果继续放任，马上就会危及自己及家人的生命时，她会突然奋起抗争，反过来伤害、杀死施暴者。正所谓："不在沉默中爆发，就在沉默中灭亡"。

而且，因为处于极端的心理状态，受害者在以暴制暴的过程中往往伴随着失控、愤怒、疯狂和过度的发泄，有些人事后还会出现选择性遗忘，不记得自己刚刚做过什么。

河北女监里关着一名女杀人犯，她的名字叫安瑞花。她杀的人不是别人，正是自己的丈夫刘增军。2002 年 4 月 29 日的凌晨，安瑞花趁丈夫熟睡，将其手脚绑住，然后用菜刀多次砍向其头部，致其头部颅骨粉碎性骨折，脑组织裂创死亡。

看着现场满地的血腥，你一定会以为凶手极端残忍，惨无人道，可实际情况呢？刘增军生前曾多次打骂安瑞花及其子女，并导致安瑞花一眼失明，身上至今还留有多处伤疤。安瑞花的小女儿这样描述自己被父亲殴打后的感受："我害怕我的家人每一个都会受到这样的伤害，我们是不是可能随时都会有危险？"

2002 年 4 月 28 日的晚上，喝醉酒的刘增军再次殴打了安瑞花和大儿子刘健，并反复扬言要将安瑞花及其家人都杀掉。待丈夫入睡后，坐了一宿难以入睡的安瑞花最终把手伸向了厨房里的菜刀……

杀完人后，安瑞花选择了自首，全村 700 多位村民为她写了求情信，婆婆也对她的做法表示理解，一点儿都不恨这个要了她儿子命的媳妇。

事实上，有人曾对女子监狱里的杀人犯做过调查，发现其中以暴制暴的杀夫者占了 60% 至 70%，正如联合国妇女署中国区负责人汤竹丽所说："很多时候，她们能看到的唯一出路就是杀死施暴者以解脱自己，以暴制暴，在全球范围广泛存在。"

从 20 世纪 70 年代末 80 年代初开始，越来越多的国家和地区开始认可"受虐妇女综合征"这一心理现象。这一名词也逐步成为一种法律词汇，用于诠释一些家暴受害女性所处的处境和反应，并将其以暴制暴的行为视为一种正当防卫。

除了受虐妇女综合征，还有一个心理学概念可以解释受害者对施暴者的依赖。先让我们来看一个故事。

1973 年 8 月 23 日，来自瑞典的两名歹徒试图抢劫首都斯德哥尔摩的一家银行，不料失败后被警方堵在银行内。为了逃生，他们绑架了 4 名银行职员做人质，要求警方给他们提供交通工具与逃脱路线。两方在对峙超过 130 小时后，歹徒最终选择了投降。

接下来，奇怪的事情出现了。4 名人质拒绝出庭作证，甚至还筹钱为两名劫匪寻找好的律师。对于警方他们反倒是显示出敌对的姿态，拒绝配合。更让人惊诧的是，一位名为克里斯蒂安的女人质还爱上了其中一名劫匪，在他服刑期间与他订了婚。

这种现象被称之为斯德哥尔摩综合征，指的是受害者对犯罪者产生情感和依赖，甚至反过来帮助犯罪者的一种情结。对此，犯罪心理学家是这样解释的：人的本性有服从权威，屈从暴力的倾向，尤其是当我们的生命被他人操纵时，我们会不自觉地对犯罪者产生好感，对他的小恩小惠心存感激，由恐惧变成崇拜，从而尽量让两个人的命运一体化，达到让自己存活的目的。因此，斯德哥尔摩综合征从本质上讲是一种本能的心理防御机制。

要出现斯德哥尔摩综合征，需要满足以下 4 个条件：

（1）受害者从内心认为犯罪者会危害其生命。

（2）在互动过程中，犯罪者有略施小恩小惠的举动。

（3）受害者与其他所有观点相隔离，只能从犯罪者处获得信息。

（4）人质充分相信，要脱逃是不可能的。

显然，在相当一部分的家庭暴力犯罪中，这些条件都是满足的，再加上施暴者与受害者之间本就是亲密关系，所以家暴受害女性就会更容易出现斯德哥尔摩综合征了。

亲爱的读者，了解了受虐妇女综合征和斯德哥尔摩综合征之后，你还会提出开篇那个问题吗？正如一名家暴受害者所说：“为什么她不离开？为什么她没有逃跑？对我来说，这是人们问过的最令我伤心和痛苦的问题！”

打破沉默

来自南京的李女士最近十分困扰，吃也吃不下，睡也不睡不好。几年前，她与现在的丈夫相识相恋，走进了婚姻的殿堂，可婚后她发现，丈夫身上有很多难以接受的缺点，如经常酗酒、个人生活不检点等，而她只要一向丈夫指出他的缺点，便会引来丈夫拳脚相加。

她曾向当地妇联反映过丈夫的暴力行为，但丈夫坚决不承认；她也曾到法院起诉离婚，但丈夫在法庭依然坚称“我从来没有动手打过她，我们是有感情基础的”，由于缺乏相关证据，法院判决“不予离婚”。

李女士的困扰其实也是许多家暴受害者的困扰：女性应该如何收集和保存证据，证明家庭暴力的发生呢?

（1）悔过书或保证书：遭受家庭暴力后，不少施暴者会主动写下悔过书或保证书，受害者也可以主动要求，这是证明他有过家暴行为的直接证据。

（2.）相关机构的干预证明：家暴发生后，警方的出警记录和笔录，妇联、社区等机构出具的证明。

（3）伤情证明：警方指定鉴定机构做出的伤情鉴定报告，医院的诊断证明、病例和收据，受伤照片等。

（4）证人证言：邻居、亲属等目睹过家暴发生的人的证言。

（5）视听资料：施暴者威胁、恐吓的语音、短信和留言，有条件的甚至可以在家中装置摄像头，录下暴力过程。

当然，学会收集和保存证据只是防范家庭暴力犯罪的手段之一，除此之外，还有以下几点需要重视：

1. 打破沉默，把暴力说出来

不管有何种主客观原因，受害女性首先要改变自己的认知，树立家暴“零容忍”的态度，勇敢地打开“家门”，让家庭暴力这一“关起门”的暴力曝光在大众面前。只有这样，别人才能更好地帮助到你。

还有些女性身处家暴而不自知，认为这只是家庭纠纷，是夫妻相处的一种正常模式。事实上，有研究表明，家庭暴力的本质是权利与控制，施暴者通过暴力行为使受害者处于恐慌之中，进而达到控制受害者的目的。

这也就意味着，不管暴力形式如何变化，当你觉得恐惧、害怕面对对方时，这就不是家庭纠纷，而是家庭暴力了。

2. 重视家庭暴力的第一次发生

家庭暴力的循环规律告诫我们，一定要重视家庭暴力的第一次发生，将其阻止在萌芽阶段。方法有很多，可以立刻报警，让公权力及时介入，让他意识到家庭暴力是违法犯罪行为；可以寻求施暴者父母的帮助，对其进行批评和劝诫；也可以明确表明自身立场，给予施暴者威慑。

湖南一名女性的做法或许值得借鉴："你这是第一次也是最后一次打我，如果再有下次，要么你就永远别睡，要睡我就剪断你的命根子。"不能是开玩笑的语气，要态度认真，予以回击。

3. 共同面对，当离就离

从某种意义上讲，家暴施暴者也是"受害者"，因为许多施暴者并不希望自己变成暴力的奴隶，却在一次次的压力与争吵中丧失了自我，无法控制自己的行为。面对这种情况，夫妻间应该加强理解，共同面对，找到适合的、非暴力的沟通模式。带施暴者主动去寻求心理辅导也是一个不错的选择。

当然，如果施暴者毫无悔改之意，或者屡教不改，女性应该当断则断，果断选择离婚这一途径。切勿心怀内疚与同情或者“救世主”心态，挽救、教化罪犯是法律的任务，而不是你的责任。

最后，防范家庭暴力犯罪不能只依靠受害者本身，也需要全社会的共同重视、努力和帮助。《中华人民共和国反家庭暴力法》对各机构、组织干预家庭暴力的责任作了明确规定，县级以上人民政府起组织协调作用，司法机关、人民团体、社会组织、居民委员会、村民委员会、企业事业单位等应该积极参与，各履其职，相互联动。“负有反家庭暴力职责的国家工作人员玩忽职守、滥用职权、徇私舞弊的，依法给予处分；构成犯罪的，依法追究刑事责任”。

莱斯利·摩根·斯坦纳，一位曾被丈夫拿枪指着头的家暴受害者，一位勇敢地走出泥潭重获新生的坚强女性，将自己的经历写成了《疯狂的爱》一书。她描述道：

“我能够结束自己‘疯狂的爱’的故事，靠的是打破沉默。今天我仍然在打破着沉默。这是我帮助其他受害者的方式，同时也是我对你们最后的请求。告诉别人你今天听到的。虐待只能活在沉默中。你有能力制止家庭暴力，只需要点亮星星之火。

“我们受害者需要每一个人的帮助。我们需要你们每一个人理解家庭暴力的秘密。和你的孩子、你的同事、你的朋友、家人讨论这个话题，将虐待曝光，帮助幸存者重新找回美好、可爱的自己，重新拥有未来。发现家庭暴力的预兆并认真干预，减少发生的可能性，给受害者提供安全的出路。

“让我们携起手来，让我们的床、我们的餐桌和家庭成为它们应该成为的安全、和平的绿洲。”

结束语

去做一个英雄！

不要问丧钟为谁而鸣，丧钟为你而鸣！

——约翰·多恩

我是一名老师，黑板是我的战场，学生是我的观众，粉笔是我的方天画戟，挥斥方遒间，我假装自己是一个英雄。

直到下课铃响起，学生们飞快地收拾书包，有的眼睛里闪烁着饥饿的慑人目光，我这才意识到，我的时代已经结束了。当然下周的同一时间，又一个英雄的故事将要上演。

每个时代都需要英雄！想着这句话的时候，我的手边压着约瑟夫·坎贝尔的《千面英雄》。它是我青春时代最喜欢读的书，现在已经有点旧了，封面微微有些卷起。

作者搜寻、阅读了全球各地神话与宗教里关于英雄的故事，总结出了这些故事背后不约而同的脉络：

启程：放弃当前的处境，进入历险的领域。

启蒙：获得某种非同一般的领悟。

考验：陷入险境，与邪恶和命运搏斗。

归来：最终获胜，再度回到正常生活。

似乎有些道理。

比如张无忌，在冰火岛出生，本来过着平凡的生活，十岁时随父母返回中原，这是启程。

不料父母双亡，身中寒毒，却机缘巧合间融合九阳神功、乾坤大挪移、太极拳剑和圣火令神功四大盖世武功为一体，当世无敌，这是启蒙。

20 岁决战光明顶，孤身大战武当、少林、峨眉、昆仑、崆峒、华山六大派高手，一战成名于天下。弱冠之年担任明教教主，使百万教众倾心归附，统一明教。救张三丰、救谢逊、闯金刚伏魔圈，号令群雄抵抗元军，这是考验。

功成名就之后，与赵敏退隐江湖，逍遥远去，这是归来。

纵观中华历史文化上的不少英雄人物，似乎都逃不开这个规律。千面英雄，一个套路！

从这个角度看，人类对英雄的期盼似乎已经成为我们内心中最深层次的集体潜意识。你可以想象这样一幅画面，远古时代的丛林或洞穴里，弱小的原始人类聚集在一起，他们彷徨、无措而又恐惧，大型捕猎者、恶劣的气候、莫名的疾病、匮乏的食物，这些都困扰着他们。

他们向天祈祷，能不能有个盖世英雄出现，身披金甲圣衣，脚踏七色云彩，带领他们战胜这些艰难险阻。

孙悟空当然不会出现，但对英雄的渴望却变为了一个个扣人心弦的故事与传说，在口口相传中安慰着众人，激励着众人。于是我们在“飞雪连天射白鹿，笑书神侠倚碧鸳”的文字里沉醉，在蜘蛛侠、蝙蝠侠、钢铁侠的故事里惊叹，在《西游记》《水浒传》《封神榜》的传说里痴迷。

如今这个现代社会，警察成为英雄的一种载体。侦破疑案，打击犯罪，惩奸除恶，匡扶正义……当邪恶袭来，我们总是希望那一身藏蓝能够及时赶来，挡住黑暗，风雨无阻。可大家有没有思考过，你自己又能够做些什么呢？

2002 年 11 月，湖南岳阳市冷水铺发生一起恶性抢劫案，附近工地工人王新文挺身而出，身中三枪却依然紧紧抓住劫匪不放，被拖行近 50 米；2010 年福建南平实验小学杀人案中，面对持刀的凶恶歹徒，环卫女工人刘瑞英手拿扫帚，紧紧护住了身后 3 个小孩；2018 年 12 月，在福建福州市的一栋公寓楼内，一犯罪分子酒后滋事企图性侵女子，邻居赵宇见状义愤填膺，与歹徒进行激烈搏斗，最终将其制服……

原来，不用期盼，也无须等待，我们每个人都可以成为英雄！

小时候我特别喜欢一个电视剧《白眉大侠》，至今依然对里面的主题曲记忆犹新：

刀是什么样的刀

金丝大环刀

剑是什么样的剑

闭月羞光剑

招是什么样的招

天地阴阳招

人是什么样的人

飞檐走壁的人

情是什么样的情

美女爱英雄

那个暑假，我像个复读机一样天天哼唱着这首歌，招致伙伴和亲戚嘲笑，让我郁闷了好久。

是的，每个时代都需要英雄，或者说渴望成为英雄的人，这个时代也不例外。杀戮、盗窃、诈骗、性侵、暴力……我们依然要战胜太多的邪恶，我们依然需要英雄精神。

所以，在你人生中的某个时刻，一定会有又一个小孩，做着英雄的白日梦，嘴里唱着“情是什么样的情，美女爱英雄……”。

请你一定不要嘲笑他，或许有一天，他真的会拯救世界。

谢 晴

参考文献

[1] 布伦特·E·特维．犯罪心理画像：行为证据分析入门 [M]．李玫瑾，译．北京：中国人民公安大学出版社，2005.

[2] 布来恩·隐内．FBI 犯罪心理画像实录 [M]．王旸，译．北京：化学工业出版社，2013.

[3] 布莱克本．犯罪行为心理学 [M]．吴宗宪，刘邦惠，译．北京：中国轻工业出版社，2000.

[4] 迪·金·罗斯姆．地理学的犯罪心理画像 [M]．李玫瑾，译．北京：中国人民公安大学出版社，2007.

[5] 心理之谜研究会．超有趣的犯罪心理学 [M]．魏嵩，译．武汉：湖北教育出版社，2014.

[6] 陈泊菡．FBI 犯罪心理画像 [M]．北京：中国法制出版社，2015.

[7] 邓明．侧写师：用犯罪心理学破解微表情密码 [M]．北京：化学工业出版社，2012.

[8] 郭霖．解读罪与错：当代中国家庭教育与犯罪心理调查 [M]．北京：中国社会出版社，2000.

[9] 胡杰．歧路人生：犯罪心理专家评大案 [M]．北京：群众出版社，2006.

[10] 罗大华，刘邦惠．犯罪心理学新编 [M]．北京：群众出版社，2000.

[11] 李玫瑾．犯罪心理研究：在犯罪防控中的作用：第二版 [M]．北京：中国人民公安大学出版社，2010.

[12] 林少菊．犯罪心理学 [M]．北京：中国人民公安大学出版社，2008.

[13] 刘建清．犯罪心理探微 [M]．北京：中国政法大学出版社，2015.

[14] 梅传强．犯罪心理生成机制研究 [M]．北京：中国检察出版社，2008.

[15] 梅传强．犯罪心理学：第三版 [M]．北京：法律出版社，2017.

[16] 马皑，章恩友．犯罪心理学：第二版 [M]．北京：中国人民大学出版社，2018.

[17] 马立骥，姚峰．犯罪心理学：理论与实务 [M]．杭州：浙江大学出版社，2014.

[18] 邱国梁．犯罪心理学的理论与运用研究 [M]．北京：群众出版社，2005.

[19] 邵晓顺．犯罪心理分析与矫正 [M]．杭州：浙江大学出版社，2015.

[20] 吴宗宪．中国犯罪心理学研究综述 [M]．北京：中国检察出版社，2009.

[21] 吴宗宪．国外罪犯心理矫治 [M]．北京：中国轻工业出版社，2004.

[22] 王长征．一步之差：犯罪心理冷思考 [M]．北京：中国文史出版社，2014.

[23] 王锐．新编犯罪行为心理学 [M]．北京：中国人民公安大学出版社，2010.

[24] 许永勤．犯罪心理学概论 [M]．北京：对外经济贸易大学出版社，2012.

[25] 姚迎光．老年犯罪心理学 [M]．北京：中国政法大学出版社，2012.

[26] 杨波．犯罪心理学 [M]．北京：高等教育出版社，2015.

[27] 郑日昌．笔迹心理学 [M]．沈阳：辽海出版社，2000.

[28] 郑晓边．心灵回归：违法犯罪心理访谈录 [M]．北京：人民卫生出版社，2009.

[29] 张久祥．犯罪心理与案例分析 [M]．济南：山东人民出版社，2000.

[30] 朱宝荣．现代心理学原理与应用：第二版 [M]．上海：上海人民出版社，2006.